# 下班后
# 开始新的一天

[韩] 柳韩彬 著　杨名 译

浙江文艺出版社

## 没有晚间日程的一天

| 07:00 | 08:00 | 09:00 | 19:00 |
|---|---|---|---|

## 有了晚间日程的一天

| 07:00 | 08:00 | 09:00 | 19:00 |
|---|---|---|---|

| 20:00 | 23:00 |
|---|---|

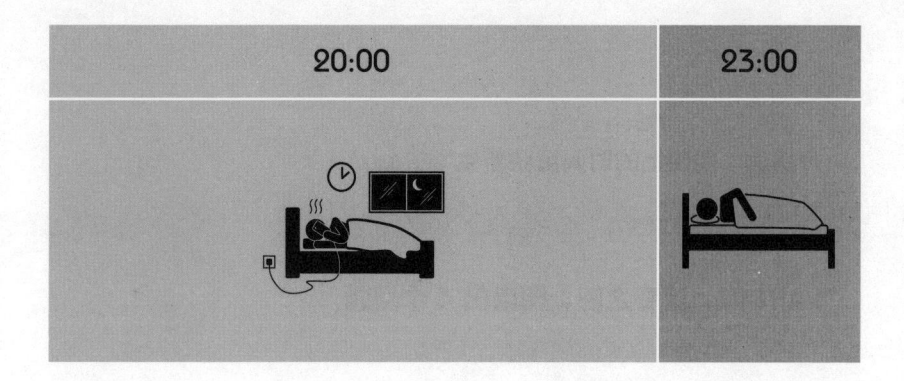

| 20:00 | 21:00 | 22:00 | 23:00 |
|---|---|---|---|

# CONTENTS 目录

开头语　用晚上的时间重获新生 ……………………………… 001

## PART 01　改变之前，问自己 4 个问题
### 谁说工作日就只是工作的日子？

明明晚上还有时间，却只在苦苦等待周末？ ……………… 011
一辈子只做工作这一件事，就能感觉幸福吗？ …………… 017
光靠工资，有可能实现财富自由吗？ ……………………… 022
辞职之后，就能做自己想做的事了吗？ …………………… 028
Tips：如何找出下班后能做的事 …………………………… 033

## PART 02　善用晚间时光，收获 4 份人生礼物
### 晚上改变了，早上也会随之改变

自尊：找到证明自己价值的证据 …………………………… 041
斜杠：上班族也可以有各种梦想 …………………………… 046
自我：以"我"为支点，建立"工作—生活"平衡 ………… 051
开源：不知不觉，收入翻倍 ………………………………… 056
Tips：探索最适合自己的副业 ……………………………… 061

## PART 03　晚间计划第一步：确定大小目标
### 利用曼陀罗思考法，为迷茫的人生找出口

毫无头绪时，要怎么开始？ ………………………………… 069
把理想变成现实，设定目标 4 步骤 ………………………… 074
如何推自己一下，现在就开始行动？ ……………………… 080
如果你还在起跑线前犹豫 …………………………………… 085
Tips：只为自己制定目标的方法 …………………………… 091

## PART 04　晚间计划第二步：赢得时间自由
### 把一天当成两天过的时间管理法

时间不够用：你的"一天"就像是欠整理的硬盘 ………… 099
今天都做了些什么：利用时间轴计划表回顾每一天 ……… 105
奇迹的睡前时间怎么用：建立独属于你的晚间计划 ……… 113
该做就做，该玩就玩：用番茄工作法绑定注意力 ………… 121
时间也可以"断舍离"：帮你减少无谓苦恼的极简主义 … 126
避免浪费时间的技巧 ………………………………………… 130
Tips：好用的时间管理工具 ………………………………… 137

## PART 05　晚间计划第三步：打造固定日程
### 让身体开启自动驾驶模式

把一直想做的事变成固定日程吧 …… 143
不要在过度热情的时候冲动地开始 …… 147
像大人一样思考，像孩子一样行动 …… 153
像重装系统一样重塑自我形象 …… 158
并肩前行能走得更远 …… 164
Tips：让你活力充沛一整天的晨间日程 …… 169

## PART 06　坚持不下去时怎么办：6种危机应对法
### 什么都不想做的时候，就只做一点点吧

当从天而降的约会打乱计划 …… 175
当低落感和无力感突然袭来 …… 179
当你再怎么努力也无法感到满意 …… 185
当完美主义阻碍你起步 …… 193
如果意志力太薄弱，总是自我合理化 …… 197
想放弃时，问自己3个问题 …… 202
Tips：帮你摆脱"躺尸"状态的体能管理秘诀 …… 208

结束语　我今天也在愉快地做着自己想做的事 …… 213
附录　打造全新晚间生活的计划表 …… 215

开头语

# 用晚上的时间重获新生

如果没有特殊情况,我一定会准时下班。当然,每个月可能有一两次突发事件,不得不加班,但我不会因为毫无意义的拖延或是周围同事的眼色而刻意加班,毕竟还有专属于我的一天在等着我。

大多数人下班后都会舒舒服服地休息一番,回到家喘一口气,然后就瘫坐下来开始刷手机,以此犒赏辛苦了一天的自己——从前的我也是这样。学生时期,我曾幻想过理想中的上班族生活:下班去锻炼,做些自我提升,最后以一杯啤酒痛快地结束这一天。然而当我真的成了一名上班族之后,才发现不管是要认真完成工作任务的责任感,还是体力和精神上的消耗,都远超曾经的想象。

上班第一年,我感觉所有前辈的视线似乎都集中在自己身上,好像只要喘口大气就会挨训。每天好不容易熬够9小时才下班,回到家连吃饭的力气都没有,只想一动不动地躺着。但好像闭上眼睛刚刚睡着,就传来了一阵刺耳的闹铃声，只好哭丧着起床，准备开始新一天的工作。

两点一线的生活持续得久了，我觉得自己好像变成了一台工作机器。不知从哪个瞬间开始，我意识到这有点不对劲，好像迷失了自我。于是，我开始迫切地想要为自己而活，而不是每天只以上班族的身份麻木地存在着。但是出于现实的考量，我又不能马上就辞职，于是便开始思考如何把下班后的时间变成有意义的时光。

## 从唱迷你卡拉 OK 和逛书店开始

工作一天筋疲力尽，回到家后想要再做些什么，真的很不容易。但是我想向自己证明，下班之后我也是有能力做些事情的，无论什么都好，于是我开始尝试不再一下班就直接回家。

刚开始我会一个人到迷你卡拉 OK 唱上几首歌再回家,虽然在旁人看来这可能有些可笑,但对我来说,这却是一天之中我用自己喜欢的方式度过的最宝贵的时光。令人惊讶的是,这么做之后,我的身体逐渐放松了下来,也开始有了多做一点其他事的勇气。

之后,我每天下班都会顺路去书店逛逛,这也是我第一次有了独属于自己的晚间日程。虽然只是花上十五分钟看看书和漂亮的文具然后就回家了,即便只是如此,我也莫名觉得这一天充实了不少,心情也更加愉悦。后来我还开始买书,去咖啡店阅读一小时,再之后甚至开始阅读一些和工作相关的资料。

我切实体会到了"动物不论何时都能适应它们所处的环境"这个道理。就这样,我渐渐步入佳境,开始把下班后的时间放在做自己喜欢的事情和自我提升上,到现在,晚上的大部分时间都能够为我所用了。

恰好在这个时候,大学时期的剧团团长问我要不要尝试出演话剧,于是在上班第一年快结束的时候,我参加了话剧演出。那段时间我一下班就去剧团练习,一直排练到10点才回家,这样的生活足足坚持了两个月。在为期十天的演出圆满结束后,我开始有了下班后不论做什么都能坚持下去的自信——从那一刻开始,晚上的时间就完全成了只属于我自己的时间。

## 把一天当成两天过的平凡日常

下班后,我便开始了自己全新的一天。

若是从前,吃完饭我就会头脑发昏,躺上床开始刷手机,傻傻等待第二天的到来。现在我则会利用这段时间编辑要上传到YouTube的视频,学习提升工作能力的专栏内容或论文资料。这几年我也一直在坚持读书,最近还对手语产生了兴趣,也开始上手语课了。

每天睡前,我都会回顾当天的每日计划表,看看自己哪个时间段注意力更集中,什么时候因为什么事情浪费了时间。之后,我会把当天写的记录表上传到我在网上运营的"每天写每日计划表小组"上。为了能够元气满满地迎接第二天,我一般到了11点就会准时睡觉,最晚也不会超过12点。

这就是我每天晚上的日常。

我想做的事情有很多,除了兽医这份本职工作,还想做话剧演员,也想做线上培训讲师。当我接了广告视频制作、话剧演出或者线上课程这些长期项目时,晚间的安排多少会发生一些改变,但这只会让我更加合理地安排时间,并不会因此忽略原有的安排。因此,即便一个阶段性的小项目结束了,我的晚间时光也被"想做的事情"填得满满当当。

就这样，下班后开始新的一天，把一天当成两天来过，便成了我的平凡日常。

## 晚上的时间是让我们重获新生的礼物

随着五天工作制的推行，上班族拥有了周末这一固定休息时间，而每周工时限制的出台，则保障了我们每天晚上的固定业余时间。这些年来，不仅是生活和文化环境，人们的个人价值观也发生了很大变化。

人们从终日埋头苦干、认为工作就是自己的全部这一观念中解放出来，开始思考工作以外的生活，积极探索不是作为公司职员的"我"，而是作为个人的"我"到底喜欢做什么，还具备哪些潜能。有了更多可以自由支配的时间后，人们便能在下班之后尽情做自己喜欢和擅长的事情。

即便如此，仍然有很多人不知道下班后要做点什么，即使准时下班了，也像加过班一样，到家就开始发呆，无所事事地打发时间。很多人觉得早早睡觉有些可惜，但是真要做些什么又觉得累，很有负担，最后经常是刷着视频、不知不觉就睡着了——本书就是为了这样的人而写的。

晚上的时间是让人重获新生的礼物，你可以在工作赚钱之余，专注于自己真正喜欢的事情，以此获得改变人生的机会。

如果你也认为"工作与生活平衡"（work-life balance）中的"生活"不只是躺在床上看短视频、看电视剧打发时间，如果你也希望拥有更充实，甚至更有收益的生活，不妨参考一下我的晚间时间管理秘诀。因为现在的我比任何人都能更加充实地利用晚间时光，至少不会让你觉得自己在浪费时间。

# PART 01

## 改变之前,问自己 4 个问题

## 谁说工作日
## 就只是工作的日子？

闹钟响起，爬起来赶着上班；
下班后，像尸体一样躺在床上。
每天重复着这样的日常，
直到有一天，惊觉自己就像是一台工作机器。
我觉得这不正常，决定改变想法：

晚上不是"为了迎接明天做准备"的时间，
而是属于"今天的我"的时间。

这个顿悟，改变了我的生活。

人生不是逝去，而是充实。
我们不是在"度过"每一天，
而是在用自己所拥有的东西"填满"每一天。

—— 约翰·拉斯金（John Ruskin）

# 明明晚上还有时间，
# 却只在苦苦等待周末？

**看待每一天的新视角**

很多人都认为工作日就是上班的日子，周末就是不上班的日子。这么想的人，平常只会做两件事：上班，以及等待不用上班的周末。但是真到了翘首以盼的周末，我们往往会发现，其实自己并没有什么特别的事情可做。上班后只知道苦等周末的我们，和放假前雄心勃勃定下无数计划，等到假期快结束才空虚地发现自己什么都没做的学生，本质上没有区别。

把工作日定义成上班的日子，把周末定义成不上班的日子，其实是把"一天"草率地看作了不可分割的整体。如果把一天拆开来看，工作日并非24小时都在工作，周末也不是24小时都在娱乐。但是人们在琐事缠身的工作日，往往不会特别想到上班前和下班后的时间还能做些什么，理所当然地觉得早晨就是匆忙准备上班的时间，晚上则是疲急地回家休息，准备结束一天的时间。

像这样把平日的存在目的限定为工作，就真的会产生一种24小时都在工作的心情，好像一连5天都没有下过班。于是，我决定不把时间捆绑在一起，当作很长的连续段落看，而是把注意力集中在瞬间，放大每一个瞬间。

如果把工作日的24个小时拆分成小段，那么包括休息时间在内，每天待在公司的时间也有9个多小时。假设每天睡7个小时，不工作的时间也有8个小时之多。除去通勤所花费的时间，每天至少有5到6个小时是没有用于工作的。当然，处理杂事也要花费时间，扣掉这些，我们每天最少也能保证有3到4个小时是完全属于自己的——这绝不是一段很少的时间，至少不应该是在等待周末中浪费掉的时间。

具体来说，即使起床两小时后就要出门上班，那么上班前的此刻，也是不需要工作的瞬间。如果晚上工作到6点左右下班，那么从离开公司的那一刻起，就是不需要工作的时间。**如果不把这些不同性质的时间胡乱地捆绑在一起，在无尽的拖延中荒废，而是专注于每个当下的瞬间，可利用的时间就一定会变多。**

## 晚上能做更多事，且无须太多自制力

一开始，我也习惯把自己想做的事集中放到周末来做。比如，我上传到 YouTube 的视频就是在周末编辑的，除非周末有其他安排，才会改在工作日的晚上做。长此以往，我有了一个很有趣的发现。

工作日的晚上，我通常会花一个半小时来编辑视频，连续两个晚上就能完成一个完整的视频。这样算下来，我编辑一个视频大约需要花费3个小时，做两个视频则需花费6个小时。但是周末时，我用一整天的时间制作完两个视频的次数少到屈指可数，拖来拖去，通常得花4到5个小时，才勉强能够完成一个视频。这么说来，难道工作日和周末的时间真的有什么不一样吗？

想要集中精力完成一件事，需要大段连贯而完整的时间——道理的确如此。因为从开始工作，到加快速度，再到完全进入状态，也需要一定的热身时间。但是，这段连续的时间3个小时就足够了，超过3个小时之后，人们就很难再集中精力做同一件事情。我自己就是只能在短时间内集中注意力、相对散漫的类型，3个小时对我来说已经很长了。

**当你觉得时间很充裕的时候，效率就会下降，拥有大量自由时间，反而需要更多的自制力。** 这种时候，截止期限就是很好的动力。如果工作日晚上有事要做，那么上床睡觉的时间就是明确的截止期限。我晚上过了12点就会睡不好，所以12点前一定会上床睡觉。那么，只要确定好睡前要完成的工作量，就会更容易集中注意力，努力达成目标。相反，如果我从周末早晨就开始工作，心里就会觉得到晚上之前还有很长的时间，反而没什么紧迫感。这么想着，就会开始放慢节奏，效率自然不会高。

下班后的时间绝不算短。假设每天下班后投入两个小时去做副业，按一周5天计算，每周就有10个小时。如果只在周末做副业，那只有周六投入5小时，周日再投入5小时才能凑够这么长的时间。乍一看没什么不对，但如果真把事情都挤在周末，那就好像这个礼拜一天都没有休息。做副业是好事，但没有周末的生活也未免太残酷了些。所以到了周末就好好放飞自我，试试在平常把晚上的时间利用起来吧！

## 利用晚上的时间积攒能量

公司是工作的地方，家是休息的地方，早晨是准备上班的时间，晚上是下班后休息的时间——从这样的固有观念中跳出来之后，下班后什么都不做反而有点说不过去。

在下班后只想着休息的人看来，工作日回到家还会认真做事的人似乎精力很旺盛。但其实别人交代你做的事和你自己本来喜欢做的事，消耗能量的程度是不同的。

**事实上，当我开始试着实践晚间日程后，渐渐发现，下班后用自己喜欢的事情来充实时间并非消耗，而是在积攒能量。**

并非只有看上去活力满满的人才适合开启晚间计划，事实上，只要你具备最起码的体力就不必担心，问题只在于能不能适应另一种生活节奏。无论何时，下决心迈出第一步都是很重要的。当然，在形成自然习惯之前，免不了会经历一些痛苦。但是这只是开始才会出现的情况，等身体适应，找到节奏，自然会感觉轻松起来。

那么，这次要不要试着跨越那些阻挡你开始的障碍呢？找到自己喜欢的事情，尽情去做，看到自己比昨天进步多一点的样子，也是让自己变得更有活力的秘诀哦！

今天下班后要做些什么呢?

累死了,做什么做,还是躺下追剧吧。

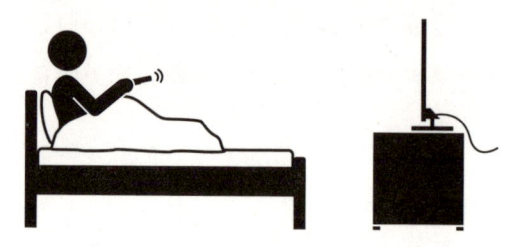

☑ **问问自己**

你是不是因为明天的压力而浪费了今晚的时间?

## 一辈子只做工作这一件事，就能感觉幸福吗？

### 下班后一天就结束了吗？那退休后怎么办？

我经常和退休后有很多空闲时间的妈妈一起探讨，现在要怎么生活未来才不会后悔。妈妈奔忙一生，到了55岁才退休。在漫长的岁月里，她的自我一直被工作所捆绑，被妈妈的身份所掩盖。

这么多年过去，到了离开工作岗位、子女们也在长大成人后纷纷独立出去的此时，妈妈突然觉得自己好像失去了自我认同感。她过去从没想过自己是为了什么而活，做什么事情时才会快乐，怎样生活才不会后悔。直到现在，她才开始苦恼要如何过好自己的"第二人生"。

人们习惯将20世纪80年代到21世纪初期出生的人称为"千禧一代"。按照这个标准来看，我应该也是千禧一代。我们这代人不再认为工作就是生活的全部，追求的是工作与生活平衡，不想把所有能量都消耗在工作上，和妈妈那一代认为工作等同于自身价值的认知非常不同。

我想做的事有很多。当被问到"怎样生活才不会后悔"时，我会这样回答：**"去做想做的事情，想做到什么程度就做到什么程度，像这样活着就好。"** 也许并非所有人都这么想，但对于像我一样关心各种各样的事情，喜欢不断探索的人来说，这真的是很迫切的愿望。

虽然如此，但大多数人还是需要靠工作得来的薪水养活自己，不能只是为了做自己想做的事情就直接辞职，所以我决定把目光转向晚上的时间。

## 不必成为最优秀的上班族

我是每天在宠物医院上班的兽医。虽然也经历过一段时间的倦怠，但本质上我非常热爱自己的工作，也有想做得更好的意愿，因此晚上也会花时间钻研专业相关知识。但是，我并不想投入全部精力去成为最好的兽医，而且我的人生目标也不是成长为最擅长做手术的兽医，名垂青史。

虽然我很爱这份工作，但如果一辈子只能当兽医，那我可能会变得很不幸。这个世界常常告诉我们只能深挖一口井，要努力投入一个领域、专心致志，成为那个领域的专家才行。我认为这种观点对我，或者对我们这代人来说，或许已经不再合适。

有一次我偶然看到了一个 TED 演讲，这才发现和我有着类似苦恼的人原来并不少。演讲的题目是《为什么我们当中有些人没有天职》( Why some of us don't have one true calling )。演讲者艾米莉·瓦普尼克（ Emilie Wapnick ）认为，**社会好像构建了一个框架，期待我们在有限的生命中找到唯一的使命，并为它而生活，但并非所有人都一定要这样做**。世界上有许多好奇心强、爱好广泛、富有创意的人，如果你也是这样的人，大可以在生活中尽情挥洒自己的热情。

看完那场演讲之后，我突然产生了信心。我下定决心，即使不能成为最精英的上班族，也要做一个下班后能够活力四射地做自己喜欢的事情的人。

## 既然下班了，就要做自己想做的事

我不是最好的兽医，不是最好的创作者，也不是最好的演员。但是，唯独一件事我是很有自信的，那就是我非常擅长做一些"有的没的"——"不好好学习，整天搞些有的没的"，说的就是我这种人。

学生的本分是学习，上班族的本分则是专注于自己的业务并取得成果。如果只把自己的身份限定为上班族，那么就可能会觉得下班后做些有的没的很奇怪。但是不管怎么说，总不能一天24小时都以上班族的身份生活吧？**因此，下班后，我希望能够以各种不同的身份，尽力活出自己的本色。**

人们往往认为工作与生活平衡的条件是准时下班。但是，这些人真的好好利用了自己的业余时间吗？很多高喊着想要工作与生活平衡的人，常常不知道除了工作之外自己还擅长做什么，真正感兴趣的是什么。

所以，在准备好做出改变之前，请试着想想，除了工作以外，自己做什么事情时会感到快乐，有什么能力是在现在的工作中尚未发挥出来的，现在和未来还想做些什么别的"有的没的"。

直到现在，妈妈依然在为退休生活要做些什么而苦恼，我则为了不让下班后的时间白白浪费掉而费心。在我看来，**比起什么时候能下班，下班后做些什么好是更加值得思考的事情。**

一辈子就只能做这种工作了吗?

我都快忘记上一次感到快乐是什么时候了。

☑ 问问自己

除了眼前的工作,你还有没有其他想尝试的事?

# 光靠工资，
# 有可能实现财富自由吗？

## 退休后只能坐吃山空？

每个月收到工资条，即使它和上个月相比没有什么不同，我还是会悄悄地看了又看。所有项目细细密密排列在一起，上面包括我的姓名、职级、少却可爱的月薪数额以及琐碎的扣减明细。其中"国民年金"一项特别吸人眼球，当我老了，没有经济收入时，它就是我的养老金——但是，这笔钱真的足以养活我吗？

相信谁都有过这种天真烂漫的想象：退休后，坐在阳光明媚的窗边，听着小猫的呼噜声，读着自己喜欢的书，充分享受当下的时光，偶尔还会安排一次旅行，就这样度过悠闲的余生。

但是这样的想象不可能轻易成为现实。现实生活中，必须想好退休后没有收入的日子要怎么规划。运气好的话可以在60岁退休，运气不好的话，可能到了50岁就会被裁掉。那么，在能够赚钱的30年里，我们是不是应该疯狂地勒紧裤腰带，拼命赚钱，这样才能够攒到能够安度余生的钱呢？

其实还有更好的对策，那就是主动创造一份可以不用退休，能够做一辈子的只属于自己的工作。

## 寻找一个人就能完成的事

大多数工薪阶层都是大公司的小小员工。公司常常会把一个大的业务拆分开来，细化成小的项目，再指派给具体的人来执行。随着工作年限的增长，我们对自己负责的职务也会越来越上手，换句话说，也就是会变成性能良好、运转顺畅的齿轮。但是这种性能只有齿轮在机器内时才能发挥作用，一个离开工作岗位后的齿轮，还能发挥什么作用吗？

我很感谢工作能让我过上温饱的生活。即使有时会失误，发生这样那样的事故，让上司对我失望，但每个月领工资的日子总会按时到来。"不论如何发工资的日子还都会到来"，这件事是多么让人安心，多么让人精神舒畅啊！而且为了达成共同目标，与同事通力合作，和大家互相学习的经历也很宝贵。对很多人来说，身处集体之中才能感受到的归属感和联结感，也是幸福的重要因素。

**但是，除去那些在工作中被要求的事情，主动去做一些无须上级批准，完全由自己主导，只有自己才能做到，并且得心应手的事情也同样重要。这种能力很可能成为离开集体后还能够继续维持的"真正稳定的工作"。**

因此，我开始利用每天下班后的晚间时光，去尝试拓展从头到尾都可以由我自己来主导的项目。

## 收入和快乐，两者我都不想放弃

不如让我们来回忆一下小学社会课本上学到的职业的定义：职业是为了赚取生活所需的金钱，在固定时间里做事；除了获得收入之外，也会给我们带来快乐和价值。金钱收入和心灵满足这两个因素都很重要，这是我们小学时就学到过的内容。但是大部分上班族都只是盯着发工资的日子熬过工作时间，下班前甚至会紧盯屏幕上的钟表，希望能够早点回家。在工作过程中感到快乐和有价值的情况不能说没有，但也谈不上多。但如果只是这样就辞掉工作，真的就会快乐了吗？快乐不知道有没有，收入肯定是没了。把自己辛辛苦苦赚来的血汗钱当作老本来啃，这种情况下得到的快乐，还能算是真正的快乐吗？

但是想象一下，如果你在工作的时候感到很快乐，不工作的时候也能产生收益，感觉如何？世界上竟然有这样的好事吗？这简直就是上班族的乌托邦！虽然听起来这很像痴人说梦，但我的目标就是快乐地工作，同时还能通过做自己想做的事情来赚钱。有句谚语说："没有痛苦就没有收获。"（No pain, no gain.）我非常讨厌这句话，因为痛苦并不是我自己选择的，而是外部强加给我的，当然没办法心甘情愿地接受，也不想一味忍耐。

收入和快乐，两者我都不想放弃。所以，我选择在下班之后做自己喜欢的事情，并以此创造自主性收益。

### 试试从自己喜欢的事情开始

根据新韩银行从2019年9月到10月对1万名工作人口进行调查后发布的《普通人经济生活报告书》调查显示，每10名工作人口中就有1人正在做双份工作，每10人中就有5人希望今后做双份工作。现在，随着"斜杠青年"这类新词的出现，人们对多重工作的关注度越来越高，YouTube上像"斜杠人生指南"这样传授副业秘诀的频道也获得了很高的人气。另外，网络课程平台上告诉大家如何在本职工作之外获得其他收益的讲座也越来越多，包括教你如何在下班后经营网络店铺，运营个人 IP 等。

从前一提到副业，大家想到的基本都是下班代驾、周末兼职等，但现在人们更多地会从本人感兴趣的事出发，在下班后找一些有趣的事情来做。到后来，人们则开始关注能不能通过自己喜欢的事情赚钱。随着这样通过喜欢的事情获得收入的人越来越多，还出现了"兴趣创业者"（Hobby-preneur）这个新词，它是由意为"兴趣"的"hobby"和意为"人"的"preneur"合成的。

最近，我渐渐开始参演话剧和电影并获取片酬，有时还会亲自拍电影。刚开始我只是作为兴趣，利用在大学社团学习的演技来创造收益。后来因为经常去电影现场，看着看着就潜移默化地熟悉了拍摄和编辑的技巧。也正是因为这些能力，我现在还能通过制作 YouTube 视频获得收入，从此成了以兴趣为起点来赚钱的"兴趣创业者"。

现在你已经拥有了这个叫作"工作"的安全装置，有基本收入作为保障，并不需要急着靠兴趣赚很多钱。**试试看只想着做自己喜欢的事情，在晚上的时间里一点点挑战一下开展副业怎么样？不要小看这些在年轻时就开始做的副业，它们说不定就能够养活60岁以后的你。**

哇，工资到账了。

但是刚刚还完信用卡就用光了。

我也是。

✅ **问问自己**

只靠现在的工作，就能养活自己一辈子吗？

# 辞职之后，
# 就能做自己想做的事了吗？

**刚结束热血的就业准备，就已经累到想退休了？**

上班族之间，最热门的讨论话题就是辞职、创业和"就业预备役"（即待就业的人）。相对地，韩国最近甚至出现了一个叫作"辞职预备役"的新词。某就业门户网站对282名上班族进行了问卷调查，结果显示，有46.1%的上班族表示自己是只要有机会就随时准备辞职的"辞职预备役"。想要辞职的最大原因则是对工作的满足感低，缺乏成就感。

在现在的环境下，就业越来越困难，首次就业的年龄越来越大，可大家的辞职速度却越来越快。在漫长的就业准备期结束之后，随之而来的不是投入工作的热情，而是辞职准备，这种现象未免有些讽刺。但换一个角度看，这或许说明对于很多人来说，去公司上班并不只是为了维持生计而已。

维持生计固然重要，但年轻人一代比一代更有主见，已经不再能够满足于只做被交代的事情，而是希望自己能够更多地感受到成就感——而越是重视成就感的人，就越容易对本职工作不满意，想从公司辞职，做自己喜欢的事，以此追求自我实现。某种程度上，脑海中会闪过"不想干了"的念头的我们，都算得上是辞职预备役。可问题是，辞职后经济上会变得紧张，因此产生压力，这种时候，光是做自己想做的事情就能感到幸福了吗？

辞职后通过自己喜欢的事情创业其实也是非常不容易的。原本是上班族，一直作为组织内部的成员工作，现在却突然需要创造自己的项目，独立处理大小的事务，还要获得收益，对于从前没有这种自主工作经验的人而言是一件很困难的事，这也是很多冲动创业者最终失败的原因。

我很喜欢新的体验。如果有看起来有趣或是有意义的事情，即使从前没尝试过，我也会去试一试。但同时我并不是一个很大胆的人，有点胆小，喜欢稳定。既渴望挑战又追求稳定，这听起来或许有些奇怪，但两种观念都非常贴切地代表了我。对我来说，新鲜的事物虽然很有趣，但要是它看起来危险，也会浇灭我的热情。

## 背水一战多半赢不了

有句话叫作"背水一战",意思是背对河流摆开阵形,比喻在没有退路的情况下,带着破釜沉舟的决心去迎战。虽然这句话的来源是汉朝名将韩信取得胜利的代表性战役,但这种方法在其他情况下未必适用。事实上在许多战争中,过于鲁莽地背水一战往往是失败的原因。

越是懒惰的人,就越容易找借口,觉得自己只有处于极端情况时才有办法做出改变。他们常想:等到辞职,我就去写网络小说;等到辞职,我就去做视频博主;等到辞职,到那时做点什么都好。

平时以麻烦、没空等借口拖着不去做自己想做的事,等到真的辞职,有了充足的可支配时间,却失去了收入,最后就会逼着自己做事。某种程度上这么做也是有道理的,就像在项目截止日期或者考试前一天我们往往会爆发出超乎寻常的专注力一样。但是因为情况紧急而在最终期限前匆忙赶出的结果真的得到好评了吗?考前临时抱佛脚取得的成绩真的让你满意吗,它变成你自己的知识了吗?虽然也有一些人会因为用很短的时间、很少的努力就取得了还不错的结果而感到满足,但如果不是临阵磨枪,应该会有更好的结果吧?被逼到绝境的人未必会失败,但做起事来很难优雅和从容。所以请静下心来想一想,那些你想做的事情，是否真的只有在辞职之后才能做，还是说你只是在找借口拖延？

　　很多人会觉得自己平常就是很懒，喜欢拖延。如果是这样，那就更不该在匆忙中做重大决定了，越是这种时候越容易失败，不妨先从非常微小的事情着手吧！下班后还要再去做一些新的事情难免会有点累，所以也要试试看自己能否坚持每天重复做某件事，哪怕只做一点点也无妨。**在斩断退路之前，总要事先了解一下自己是否真的拥有背水一战也能取胜的力量。** 人远比自己想象中坚强，但有时也会比想象中更脆弱；被逼到绝境时，人可能会发挥出超能力，也可能被逼到崩溃。这就是为什么我在后面也会提到，不要一味地靠意志力硬撑，找对做事的节奏，利用习惯的力量慢慢去做才能持久。

等我辞职，就要去做视频博主。

现在的话就还是先玩儿一会儿吧！

☑ **问问自己**

那些你打算辞职去做的事情，辞职之后真的会做吗？

## Tips 如何找出下班后能做的事

很多人下班后都想做点什么，却不知道到底该做什么才好。

不想生活被工作这一件事所占据，想尝试开展副业，但是真要开始的时候却完全没有头绪，不知道从哪里着手。这很正常，几乎没有人能在正式下决心做些什么的时候就马上找到适合自己的事情。我是也经历过无数次试错，才在现在找到了适合自己的晚间活动，并把它变成了一点都不勉强的固定日程。

晚上能做的事情远比你想象的更多，但是在做计划之前（特别是像选择"副业项目"这样重大的决定时），需要考虑以下几点：

### 1. 选择那些能够让你稍微忙起来，但是心理压力比较小的事情

利用下班后的晚间时光并不是一件容易的事情。白天

已经在工作岗位上消耗了太多体力和心力,下班后很容易感到筋疲力尽。因此,如果晚饭后的事情也让你觉得是工作,那它就会像加班一样让你感到疲劳。想想看,有没有什么事情是在身体疲惫的日子里也能让你两眼放光的,不一定非有建设性不可。不管是看电影还是欣赏偶像的演出视频,只要是喜欢的事情,我都会选择固定一个时间,坚持不懈地去做。

这样不断积攒下来的素材,日后都有可能成为为未来创造收益的资源。

## 2. 提前计算所需的时间和费用

开始新项目时,热情固然重要,但现实的时间和金钱成本也要事先就考虑好。想要做副业的人更得注意这点。如果不提前规划,很可能有一天你会突然发现自己投入了大量时间和金钱,收效却很少,让爱好变成了自己的负担,从而半途而废。

几年前,我为了开发时间管理类 App 跑去听了很多课程,还投入了300万韩元(约1.6万元人民币)的制作经费,但最终项目还是搁浅了。因为后来我才意识到,光是开发应用程序就需要花费数千万韩元(1000万韩元约合人民币5万元),后续运营也需要大量的时间和人力。

如果事先不大概估算一下副业所需的时间、费用和人力，做到后期就很容易中途放弃。

### 3. 先试一试，不合适就干脆放弃

　　副业，顾名思义，就是主业以外的生产事业。我另有能够发挥专业所长的本职工作，所以可以轻松地尝试各种副业，即使失败了也没关系。尝试一下，如果不合适的话大可以马上放弃。

　　我们学生时代选择专业、填写志愿时感到负担很大的原因，就是因为我们要从实际上没有做过的事情中选择一件来作为一生的职业——听起来有点可笑，但事实就是如此。而且我们当初艰难地选择出的专业，多半也不会成为我们一辈子都在做的工作。要记得，副业是一件更加轻松的事情，多方尝试，不合适的话换就可以了，不必给自己太大压力。

　　我曾经尝试过但最后放弃了的副业数目还真不少，接下来我会把它们一一列出来，但愿能够帮助正在阅读这本书的各位卸下一些负担，鼓起勇气迈出第一步。

　　正是因为经过了这么多次尝试和失败，我才终于找到了真正适合自己的副业，也希望你不要因这小小的尝试和失败而止步，况且有时候适时放弃也是一件好事。

　　Instagram 红人：我拍不出文艺风格照片，也不理解当

下的网络审美，所以放弃了。

舞蹈学习：我的肢体比自己想象中更不协调，所以放弃了。

挑战做音乐剧演员：表演对我而言很有趣，但是我的资质不够做全方位艺人，还是比较想集中精力参演话剧和电影，所以放弃了。

制作英语学习课程：我自己的英语水平提高得太慢，不适合制作教学内容，因此放弃了。

制作并销售电子书：被交易平台拒绝了。

贩售摄影图片：没有私家车，很难外出四处拍照，所以放弃了。

学习 Adobe InDesign：不是很细心的类型，很快就对这个软件失去了兴趣。

学习画漫画：画画不符合我的个性，加上需要很长时间才能上手，所以放弃了。

经营营利型博客：当时我不是以自己感兴趣的东西为主题，而是根据人们搜索的热门关键词写作，很快就觉得没意思，所以放弃了。但是之前光是听营利型博客的讲解课程就花费了几十万韩元（人民币500元以上）。

开发时间管理类 App：因为比想象中需要更多的研发费用，所以失败了。

开通 YouTube 书评频道：虽然我喜欢看书，但是写评论太难，所以放弃了。

虽然上面都是我尝试过又放弃了的项目，但其中有些说不定是适合你的，至少能给你一些启发。

而就算出击十次只能命中一次，我也通过这样的尝试找到了最适合自己的副业。如果你还不太清楚自己能做什么的话，就先轻松地尝试十次看看吧。

# PART 02

## 善用晚间时光,收获 4 份人生礼物

## 晚上改变了，
## 早上也会随之改变

把想做的事化为具体目标，
每晚按照订好的计划逐一完成。
在喜欢的事情上取得成果，
为我的生活注入了活力，
让我感觉自己不再是工作机器。

就这样，我开始能够在入睡之前期待明天，
早上一睁开眼，就感到很幸福。

仅仅是一天的时间,
就足以让我们变得更强大。


———— 保罗·克莱(Paul Klee)

## 自尊：
## 找到证明自己价值的证据

### 光是为自己打气就能提升自尊水平吗？

每天重复着公司和家两点一线的生活，好不容易才等到周末。但是不知为什么，周末的时间总是过得比平常快。一到周日晚上，想到第二天又要上班，心情就会变得很低落。我的身份好像只是某家公司的某个员工——这就是全部了。在这种情况下，如果有时候工作没做好，或者被上司训斥了，就会感觉自己完全失去了存在的价值，进而变得更加郁闷。这样的恶性循环不禁让人思考问题到底出在哪里，很多人都在怀疑自己的自尊水平太低，不少媒体也在宣传要为自己打气，提升自尊感。

自尊是通过社会比较形成的，是每个人对自己社会角色进行自我评价的结果。自尊水平高的人更能够悦纳自己，认可自身价值。最近有很多人都会因为一点点琐事就感到疲惫，或者认为生活看起来很单调、没有希望，在人际关系上也总是遇到困难——很多人认为这些心理问题都是自尊水平低造成的，好像只要多多自我肯定，所有问题都会迎刃而解。因此，大家不惜花费金钱和时间，忙着参加各种说是能够让你变自信的心理课、正念冥想等等。如果通过这样的途径就能提高自尊水平，那当然是一件很幸运的事情。但事实是，两三次课程很难有什么效果，很多人更是因为无法管理自尊水平而愈发感觉挫败，认为一切都是自己的错，陷入自责的怪圈。

如果在任何情况下都能拥有不会动摇的坚固自尊该有多好。但是，不断用"你本身的样子就很不错""你是一个重要的、耀眼的人"这样的话来自我安慰，真的就能提高自尊水平吗？至少对我来说，这并不管用。

## 就算搞砸了今天的工作，我也是有价值的

我从小就不是一个很有自尊感的孩子，还为此拼命读了无数本相关的励志读物。几乎每本书都会提到，你应该每天默念"我很珍贵，我很特别"这样的咒语，我也的确这么做了。但是，从某个时刻起，我意识到，这种方法是没有根基的，我无法通过默念为自己加油打气的句子建立自尊。

**我真正想要的自尊感，只有通过身体力行，在实际获取了经验和成就的情况下才能建立起来。** 这样，即使我搞砸了手头上的工作，也能在其他领域感觉自己是个重要的人。但是如何才能让自己相信这一点呢？很简单，那就是找到证据。

于是，我开始通过晚上的时间来创造这样的证据。

下班后，我不再被工作时间里所承受的压力所束缚，而是转移注意力，完全专注于自己，按照制定好的固定日程行动，找到自己擅长的事情，甚至开始做能够获得收益的副业。找到实际证据之后，不再需要"我很珍贵，我很特别"这样的咒语，我也能感觉到自己的重要和特别了。

公司生活并不是我的全部。多亏了晚间生活和副业项目，我才得以做到不再把全部价值感都建立在本职工作上，放松心情，将本职工作视为自我实现的诸多途径之一。神奇的是，这么一来，我反而更喜欢原来的工作，做得更愉快，也更好了。现在的我，不仅是为了完成任务、不挨骂而工作，而是享受着在工作中不断发展自我的乐趣，为此全力以赴，从此真正摆脱了苦苦等待下班和周末的生活。

**简而言之，当我们不再把自己的身份局限于公司职员，而是多方发掘自己的用处时，就能活出更加丰富的人生。**

那么，不妨试试通过晚上的时间去发现生活的另一面吧。再小的事情都好，定下轻松的小目标，一个一个去实践，就能获得亲眼看到自己下定决心去做的事情被达成的成就感。这样，即使我们偶尔因为在负责的工作上犯了小错，被上司训斥，也会清楚地知道，公司里的表现并不能概括自己全部的人生，如此一来，便不会因为一点挫折就跌落谷底，能够很快地振作起来。

好累，今天又是疲惫的一天。

没关系，真正属于我的一天现在才要开始呀！

☑ 问问自己

难道真的只有在公司里才能找到自己的存在价值吗？

## 斜杠：
## 上班族也可以有各种梦想

### 我的选择：从电影系到兽医系

我在兽医大学读书的时候加入了剧团。但当时我对自己的人生路线完全没有头绪，每天都在自我怀疑，想着毕业应该就会放弃演戏，毕竟如果之后真的要做剧团工作，现在为什么还要这么努力上学呢。可如果后面必定要放弃，现在又为什么要对剧团这么上心？越是想不通，我就越是焦虑，不敢闲下来，拼命参加各种学校的活动，连体育比赛也没有漏掉，即使是在日程紧张的学期考试期间，也没有缺席剧团任何一场演出练习。可是无论怎么努力，我都感觉心里很不踏实，每天像无头苍蝇一样慌乱而茫然。

其实，直到高中三年级，我的梦想都是当一名话剧导演。我永远忘不了自己第一次在小剧场看话剧时的感受。在电影院看电影时，银幕中的世界和我是分开的，剧场却并非如此。在那场演出中，演员飙了一出发怒的戏，即使是坐在观众席的最后一排的我，也受到了深深的震撼。

于是初中三年级时，我和三个朋友联手成立了话剧部，还参加了青少年话剧节。当时的演出剧本是我写的，主角是我演的，我还亲手贴了壁纸、布置了背景道具，并最终站上了舞台。站在一个所有细节都在自己掌控之中的舞台上，我暗下决心，之后也要做一个能够把自己想象中的世界在舞台上展现出来的人。

就这样，高中三年级的时候，我报考了话剧电影系。最终面试的考官之一是我很尊敬的导演兼教授，当时的我完全变成了一个看到偶像的狂热粉丝。面试时，教授提了一个当时让我受到很大冲击的问题："除了话剧，你有没有其他喜欢或擅长的事情？喜欢话剧和从事话剧行业是不一样的。"这句话仿佛暗示着他不会让我通过考试，事实也的确如此——我落榜了，还为此埋怨了那位教授很久。

后来我决定复读，在重新思考出路的时候，教授的话总是萦绕在耳边。"除了话剧，你有没有其他喜欢或擅长的事情？"我想到自己喜欢动物，也喜欢细心照顾别人。就这样，我最终没有坚持话剧电影专业的梦想，转而以进入兽医专业为目标努力学习了一年，最终考上了兽医大学，并且在毕业后成了一名兽医。

## 和现实妥协也不是一件容易的事

也许有人会认为,放弃梦想选择兽医这一职业是向现实妥协的表现。刚开始,我自己也是这样认为的,以至于后来在舞台上遇到话剧电影系毕业的人时还会偷偷嫉妒——我没能实现的梦想,人家却好好达成了,这让我感到气馁,因此畏缩不前。一次剧团表演时,有位工作人员对我说:"作为兽医,你的演技真的已经很好啦!"听到这句话我心里感觉不大舒服,却也无法反驳,只好小声说"谢谢"。

但是,当我开始建立晚间固定日程,把每天晚上的时间变成能够发展自我的时间后,我产生了能够实现梦想的自信。**现在的我认识到,自己不是放弃梦想、与现实妥协的人,而是现实和梦想兼得的人**。况且,并不是一定要把梦想的事情当作"职业"才算实现了梦想。即使很多人仍然会根据自己的看法来定义我的身份,但现在的我已经不会在意这些了。

成立上班族话剧研究俱乐部的崔志旭自己就是一个标准的上班族。他带领的剧团成员也都是普通的上班族——有毕业于法学院的律师,有公务员,也有学校老师等。白天,这些人在各自的工作岗位上尽最大努力工作,到了晚上7点,便会准时聚集在练习室准备演出。团员们的共同点在于,他们中的大多数人都曾为了当全职演员或话剧制作人而全力以赴。崔志旭说："也许有人会说他们是向现实低头，把原本的梦想当成业余兴趣，但其实与现实妥协也绝非一件简单的事。为了同时抓住梦想和现实，需要付出无比艰苦的努力。"

## 不一定非要把梦想变成职业

拥有两条跑道的人生并不轻松。大学时，我一边学习兽医知识一边去剧团，体力上非常疲惫，所以也会把"好累，干脆随便选一边算了"挂在嘴边，但这其实并不是真心话。学校生活和剧团生活我都很喜欢，哪一边都不想放弃。

现在边上班边坚持着大大小小的梦想也是一样。即使有时会身心疲惫，什么都不想做，只想好好休息一天，但大体上仍在各种工作中来回奔忙，既幸福又兴奋，每天都能期待第二天早晨的到来——而这并不是每个人都能拥有的幸运。

**梦想并不是非要变成第一职业才能实现的，现在的我已经放弃了成为精通某一领域的专家这种想法，而是想持续做一切能够让自己感到幸福的事情，并为此付出最大的努力。** 就这样，我已经不再是当初那只茫然的无头苍蝇，把生活过得幸福又笃定。

看起来只是普通的上班族，

但我的梦想其实是漫画家！

☑ 问问自己

你有因为现实原因放下的梦想吗？利用晚间时间把它找回来吧！

# 自我：以"我"为支点，建立"工作—生活"平衡

## 我也曾有过被交办事项填满的经历

把人生的主导权交给外界，被动地活着的人，比我们想象得多。可是30岁之后，需要自己选择的事情会变得更多。这种时候，很多人就会说："真希望有人告诉我要做什么。"正是因为被动地生活了太久，轮到自己做决定并付诸实施时，才会感到很困难，甚至老早连自己做什么会觉得开心这种事都不记得了。

在开始主动管理晚上的时间之前，我也是这样。学生时代，我按照父母和老师的要求按部就班，就业后，则完全按照上司的要求工作。做一个听话的乖学生、乖员工，不必想太多，只需照别人的指示去做就行，这样的人生与其说是沉闷，倒不如说是舒服。因为即使出了事故，埋怨做决定的人就可以了，不用承担责任——和我一样拥有这种惯性的人应该不在少数。长久以来，我们都在接受着传

统教育，按照社会和他人的期待生活，很少有按照自己意愿生活的机会，只需要按照指令做事就好。上班之后，我们还要听从上级的指示办事，得不到上级的认可，就没办法结束工作。

但是，下班后的事情，完全可以随心所欲去做，这也是一个练习主动的机会——哪怕是再微不足道的小兴趣，也需要我们自己决定才能启动。当我们开始主动规划时间，就能够一步步找回生活的掌控感。如果做副业的话，就更能切身感受到自己的确正在计划并实践着自己的愿望清单。

**不是别人叫你做什么就做什么，或者盲目跟风、做时下流行的事，而是靠自己寻找自己喜欢和想做的事，这样的经验是非常珍贵的。** 最关键的是，你不一定非要取得多大的成功，甚至不必坚持到底，如果尝试之后发现这不是自己喜欢做的事情，大可以随时喊停。只有积累了这些经验，才有可能知道自己在做什么事情的时候会感到幸福。

不因他人的看法和评价动摇，做出自己的选择，再将自己选择并负责的事情完成好。只有做到这样，我们才能真正地成为大人。

## 只有我才能对自己的人生负责

世界上爱管闲事的人真的不少。从前我也是那种喜欢把自己的事一五一十地告诉周围朋友的人，但不知从什么时候开始，我渐渐不跟别人说了。因为讲得越多，就会有越多人以担心为由，对我提出一堆没有益处的"忠告"。

我选择的是一份年薪不多，但是能保证准时下班的工作，因为业余时间我实在有太多事想做了。偶尔，我会对人们说："晚上我在做这样那样的事情，明年还想拍微电影。"虽然有人听后很支持我，但也有一直批评我、说些负面言论的人。虽然什么样的话我都听过了，但印象最深的一句还是："这样下去，等到以后结婚的时候，你的丈夫一定会埋怨的。"

对于自己的人生，我比其他人负有更多的责任，也因此会更加地深思熟虑——那些别人的"好意"或建议，我难道真的就没有考虑过吗？当然不是。另外，我也清楚地知道，那些向我提出建议的人们，即使他们真的有过担心，这种担心从讲出来的那个瞬间也就结束了，并不会帮我解决、负责我以后的人生。所以，现在如果有人对我已经考虑清楚的问题说三道四，我已经不再会反驳，而是笑着回答"是的，哈哈，就是这样"，然后把这些话丢到一边，照常做自己该做的。因为我已经有足够的信心对自己的选择负责。

当然，我也有过不听某人的建议随心所欲，后来感到后悔的时候。但这是我应该承担的责任，也让我多积累了一份经验——做这件事取得的成功和做那件事情经历的失败本质上没有不同，都是宝贵的经验。与其以后抱怨"都怪某人，我才没能做自己想做的事情"，不如自己想做什么就做什么，即使之后失败了，也没那么窝囊。

**有多少欲望，就多积极去做，我抱着这样的想法，对自己的人生真心实意、全力以赴。**我想成为一个有些固执但并不狭隘的人，以"自我"为坚实的支点，在工作和生活之间建立起平衡。

虽然工作中我是按照别人的指示做事，

但下班之后，
我可以完全按照自己的意愿生活。

✅ **问问自己**

一天之中有多少事情是你真正想要做的？

# 开源：
# 不知不觉，收入翻倍

## 通过副业增加收入

虽然没有人不爱财，但我真的格外喜欢钱。有一次，我在新年的时候去算命，大师说我是贪财的八字，还叮嘱我不要让全部生活都围着钱转，还真是一针见血呢！若是问我为什么会如此喜欢钱，我连一秒钟也不用考虑，就能马上回答：因为钱可以买到时间。只要足够有钱，就能减少只是为了生活温饱而工作的时间；只要足够有钱，不管自己想做的事情能不能赚钱，都可以自由地放手去做。

一开始，我并不是为了赚钱才想到要利用晚上的时间。但神奇的是，随着时间的推移，我做的事情自然而然地和收入发生了联系，从结果上看，所有副业项目或多或少都帮我赚到了一些钱。所以，我们不需要盲目追求薪酬很高却常常需要忙碌整周的工作，薪酬相对较少但时间自由度高的工作也不失为一种选择。**赚钱是为了减少单纯消耗在基础工作上的时间和精力,因此我正以此为目标,在努力生活。**

能够创造收益的副业类型有很多。就拿我来说,每个月我会通过在 YouTube 频道上贴 Google 广告而得到一小笔收益。但是,想要通过这样的方式获得收入,需要很长时间。我在开通 YouTube 频道半年左右的时候才第一次结算了收益,三个月的收入只有10万韩元(约500元人民币)左右。订阅人数达到1000人,一年里频道收看时长超过4000小时才能创造收益,像我这样半年内就能产生收益的,已经算是比较快了。随着频道的影响力的扩大,后期也有各种产品赞助的机会找上门。

另外,通过经营 YouTube 频道,我也获得了"时间管理专家"的头衔。在与网友互动的过程中,我根据需求制作并贩售功能性笔记本,开设教授时间管理方法的在线课程,并因此获得了收益。偶尔我也会参演话剧或出演独立电影、广告等,收取演出费。如果接到线下演讲邀请,也会收到讲课费。此外,我有时也会为创业公司做一些营销策划。这些虽然都不算是什么大钱,但是一笔笔小的收入从四面八方涌来,累积起来,也是不可忽视的数额了。

## 做喜欢的事，收入也会随之而来

商业社会的赚钱之道非常简单明了：提供他人所需的服务，得到相应的报酬。

当你提高或者培养出了更加多元化的能力，那么你能够服务的人、能够胜任的工作种类也会越来越多，人们自然会为此向你提供更高的报酬——但是这也会花去你不少的时间。如何平衡这一点，我也在慢慢探索。

想来，当年算命先生告诉我的不要对钱财过度在意，也许就是想提醒我太贪心就会吃不消吧。但是我发现，每当我按部就班，努力把自己想做的事情做好的时候，自然就会产生收入，并没有给我带来什么负担。这是我这么多年来经营副业的亲身体验，而其中最重要的秘诀就是坚持不懈。

虽然想要通过副业致富并不容易，但如果像现在这样缓慢地稳步成长，几年后就能得到更多的收入，对此我很有信心——证据就是，以前我想都不敢想的机会如今总是主动找上门来，而我自己也已经有足够的力量能够抓住它们了。

## 就算不是为了赚钱也很好

无论多么喜欢的事情，只要目的是赚钱，就会觉得那是作业，因此感到疲惫。每天关注订阅人数和收益，难免会感到疲惫。所以如果能抱着不是为了赚大钱，只是出于喜欢才做，能赚点零花钱更好的想法去面对，就会轻松很多，可以长久坚持下去。我也会不断提醒自己，这是和上班生活同时进行的事情，不用太执着于收入的多少。

副业收入真正多过工资，是在我开始晚间计划的三年之后。这三年里我之所以能够坚持做副业，就是因为收入压力不大。即使一个月只能赚5万韩元（约250元人民币）、10万韩元（约500元人民币），攒三四个月的钱才能勉强购买拍摄用的照明设备，我也很开心。

**能够借由副业增加收益很棒，但能将下班后的自由时光过得有意义，即使赚不了钱、不能为人所知，也是非常有价值的。**

下班后进行画画、编织等创造性的活动也好，通过运动缓解职场上积累的压力也罢，不论选择做什么，最重要的都是养成习惯，每天一点点地去实践。不管是发展兴趣爱好，还是为了健康而运动，或者做副业赚取收入，如果想打造专属于自己的新的一天，就必须设定具体目标并管理好时间。

那么，下一章就从制定目标开始练习吧！

试试每周制作一个视频上传吧!

有趣本身就已经很好了,
能因此赚到钱更是幸运!

☑ 问问自己

工资以外,如果能创造一份固定收益岂不是很棒?

## 探索最适合自己的副业

**Tips**

下班后的时间能做什么？运动、兴趣、自我提升等，什么都好，但如果你对工资以外的收入也很感兴趣，不妨尝试一下副业项目。副业听起来好像很有门槛，要做不少准备、有很强的能力才能开始，但事实并非如此。自己一直享受的爱好、感兴趣的领域，或者想要分享给别人的技能，都是很好的出发点，不管是多小的事情都可以。把自己原本就已经在做的事情再往前推进一步，很快就能发展成副业项目。

如果你想知道适合自己的副业项目有哪些，可以先从下面这些类型开始。

- 能够熟练使用 Excel、Photoshop 等程序。→ **A 型**
- 喜欢用文字整理想法。→ **B 型**
- 喜欢画画，喜欢可爱的东西。→ **C 型**
- 喜欢到处拍照。→ **D 型**
- 喜欢钻研某个特定领域。→ **E 型**

### A型：可以尝试通过销售在线课程变现

最近，各种线上课程变得非常流行，这也是未来的发展趋势。从单纯的兴趣到与工作相关的专业知识，没有不能学的东西。即便你没有很广博的知识，只要能够熟练使用Excel和Photoshop等经常会用到的工作软件，就可以通过线上课程变现。韩国教育研究信息院透露，技能销售网站的使用人数已经有54万人之多，市场规模不容小觑。

虽然每家线上课程平台的方案会有一些差异，但通常都会将30%到50%的收益分配给讲师。比如，我就在名为mybiskit的平台上开设关于时间管理方法的在线课程。虽然备课和拍摄过程都要花不少心思，但是与每次都要授课的线下课程不同，制作完成之后，线上课程便能够持续获得收入。我每个月会因此得到100万韩元（约合5000元人民币）左右的收入，比我收入更高的人气讲师也大有人在。

### B型：经营营利型博客

从很早之前，热衷于副业的人们就开始使用博客了。通过博客创造收益的方法有多种，最具代表性的就是通过产品赞助广告产生收益和通过流量创造CPC（Cost Per Click，点击计费）广告收益。

顾名思义，产品赞助广告就是通过帮助厂家推广他们的产品或服务来收取广告费用。我们在阅读网络报道或博客文章的过程中，经常会看到帖子中夹杂着横幅广告。每当博客访问者点击这样的横幅广告时，博主就会收到一笔钱，如果能够持续进行优质内容的发布，访客人数也会增加，进而带来更多的广告收益。也许一开始通过写广告软文和 CPC 广告的收益看起来很少，但是每年通过这些方式收入超过1亿韩元（约合53.5万元人民币）的人比想象中要多。网络上也有很多相关的教学文章，不妨找来参考。

## C 型：手绘周边、表情包的制作与销售

随着手账的重新流行，贴纸和胶带等文具类产品近来也很受欢迎。平常喜欢涂涂写写的人，不要小看自己的手绘图文，它们完全可以运用于各种周边的制作——不仅仅是文具，化妆包、手机壳、无线耳机壳等都是相关领域的产品。现在也有很多只要提供图案形象就可以自制商品的企业，只要下定决心，任何人都可以制作属于自己的设计产品。

因为库存管理和配送业务而感到有负担吗？没关系，你也可以利用自己绘制的图案制作能够在聊天软件上下载使用的表情包，市场有多大，收益就有多大。例如，在韩国国民聊天工具 Kakao Talk 上，截止到2019年，累计销售额超过1亿韩元（约合53.5万元人民币）的表情包有1000多

个。所以，不妨尝试使用充满个人风格的图文，挑战用表情包收获一桶金吧！

## D型：销售图库照片

如果你喜欢拍照，为什么不试着销售自己拍出的照片呢？各种商品设计、杂志、文章等在编辑制作时，都会用到大量图片。但并不是所有平台方都能够独立拍摄或制作自己所需的图像，因此就衍生而出了图库（stock）网站。通过这样的网站，我们能将保存在自己硬盘上的漂亮照片卖给世界各地的人。例如极具代表性的 Shutterstock，这是一家美国的图库网站，致力于提供优质的授权库存照片、矢量图、插图、视频及音乐内容。人们可以将自己拍摄的照片上传到这个平台，使用者则可以在上面找到自己需要的图片，付费下载，平台也会给拍摄者提供分成。

在当今这个年代，不一定非要使用单反相机等专业设备才能拍出好照片，智能手机的画质就足够了。所以，如果你也爱好摄影，不妨查看一下储存器里堆积的数千张照片，挑出不错的上传一下吧，说不定正好有人在急着寻找它！虽然这样的方式不会很快就带来巨大的收益，但它能让我们更有意识地挖掘日常生活中遇到的美好风景，也会为摄影爱好不断增添动力。

## E 型：开通以同好为目标群体的 YouTube 频道

如果你是沉迷于某个领域的疯狂粉丝，那么，请务必找到你的同好，并尝试创造能够在这个群体里产生共鸣的内容。比起从前完全没有尝试过的事情，与别人分享自己原本就喜欢并擅长的事情并以此获得收益，这样的方式更加有效。把已经做过的事情转化成具有话题性的内容不但在操作上更加容易，而且和别人分享自己喜欢的东西，建立同好俱乐部，也会很开心——开心才容易坚持。你可以尝试像以测评炒年糕而出名的 Youtube 博主"炒年糕女王"一样，把自己的爱好拍下来上传到视频网站上，做个兴趣博主。初期使用智能手机上的相机作为拍摄设备就足够了，通过简单直观的免费视频编辑 App，也可以完成高质量的制作。

# PART 03

## 晚间计划第一步：
## 确定大小目标

## 利用曼陀罗思考法，
## 为迷茫的人生找出口

每个人都有想要实现的梦想。
有想要一直坚持做下去的事。
可是，梦想和现实之间的距离总是那么远。

即便如此，与其呆呆地遥望，
不如一步一步地架起梯子吧，
在未来的某个瞬间，
梦想总会与现实交汇。

不要空空等待,
时机永远不会是恰到好处的。


———— 拿破仑·希尔（Napoleon Hill）

# 毫无头绪时，要怎么开始？

## 探寻自己人生的意义

在某个瞬间，你会不会也突然开始思考"我为什么要活着，怎样的生活对我来说才是好的生活"这种问题？接受心理咨询的时候，我就曾对老师说自己最近在思考这些问题，虽然现在还没得出什么答案，但是准备先去参加志愿活动试试看。老师听后对我说："原来你正在寻找意义啊。"从那之后，我便把自己平时的那些苦恼命名为"寻找意义"。

哲学大致可以粗略地分为存在论、认识论和价值论。存在论探讨"什么是实际存在"，认识论探讨"如何正确认识"，价值论则探讨"什么是有价值的事情"。其中，我所讲的"寻找意义"接近于价值论，也就是找出有价值的事情，努力去做。有些人可能会认为学习和成长是有价值的，有些为人父母者则认为孩子的幸福是人生的最高价值。而对我来说，最有价值的事情就是帮助需要我帮助的人和动物，这就是我人生的意义。

## 你的目标有意义吗？

之所以会提到意义这件事，是为了设定可以持续下去的目标。

寻找人生的意义听起来像是什么遥不可及的哲学难题，但是落实到生活中，却并没有那么复杂，**你只需时刻记得问自己：我现在想做什么，这件事对我来说是有意义的吗？如果回答是肯定的，就以此为支点展开行动。久而久之，便能习惯以意义为中心考虑自己的行动，也能逐渐明白什么才是自己真正想做的事。**这样，某天站在十字路口面临选择时，我们就有办法做出更适合自己的选择。即使后面也可能会有疲惫和倦怠的时刻，但是想到当初让我们做出选择的理由，也会重新鼓起干劲。

我其实是个善变的人，很难持之以恒地去做一件事，不愿做的事情更是没办法硬着头皮去做。这样的我之所以能在 YouTube 上连续3年多每周上传视频，仅靠"乐趣"或"毅力"很难说得通。事实上，运营 YouTube 频道的大部分工作都挺无趣的：为了制作20分钟的视频，常常有需要编辑三四个小时的时候；单是把自己说的所有话做成字幕，也会打字打到灵魂出窍——这些都是令人厌烦的机械化劳动。我之所以能够克服对编辑工作的厌倦，是因为心里清楚这件事是有意义和价值的，想到那些看着我的视频留言说今天也和我一样加油了的人，也会再次感受到动力。

## 意义是无法被量化的终身动力

目标是可以量化成具体数据的，比如一件事要做到什么时候、完成到什么程度，都能定出明确的截止时间和目标值，例如"年底前要减重5公斤""10月结束前写的文章字数要能撑到一本书的体量"等。而意义不同，它无法被量化，因此我们日常很少会特别去思考它。但是，如果不考虑意义，只是盲目地朝着目标迈进，到头来难免会感觉空虚。比如，以攒到一大笔钱为目标的人，在攒到这些钱之前，会因为无法实现目标而艰难挣扎，而当他们真的达成目标时，很可能只会在那一瞬间感到高兴，之后便又陷入空虚，要找下一个目标来填补，人生也进入了不断空虚、不断追求的循环。

意义才是能够帮助我们摆脱空虚感的终身动力，也能帮我们克服行动过程中的波澜。问诊时我常遇到一些骄纵蛮横的宠物主人，有时真的很不想接诊，但我知道自己有义务帮助生病的小动物摆脱病痛。在用怀疑的目光盯着我的宠物主人面前，在不断用眼神催促我怎么还不动手干活的上司面前，能让我从负面情绪中抽离出来，坚定信心继续工作的力量，就来自这一个念头："这样能否给生病的动物患者带来最大的帮助？"

随着时间的流逝、年龄的增长和价值观的改变，每个人对人生的看法都有可能发生变化。**但可能会发生改变的价值观并非没有意义，因为它帮我们抓住了当下生活的重心，让我们获得了坚持下去的力量，最终也会成为我们身份认同的一部分。**

思考意义之外，具体的行动也很重要。为了充分利用好晚上的时间，把握住改变人生的机会，现在就让我们正式开始制定目标和计划吧！

（休假中）
这才是所谓的人生！

（上班前）
所谓的人生到底是什么？

☑ 问问自己

想一想人生的目标和意义，问问自己这件事情有价值吗？

# 把理想变成现实，设定目标 4 步骤

## 告别空想，从绘制通往理想的线路图开始

下班后把时间投入在任何你喜欢的事情上都很好，无论是兴趣爱好、运动、跳槽准备、资格证学习还是副业项目。但是，如果下定决心开始做一件事情，就应该制定目标和计划。如果只是简单地想着"从现在开始，我晚上要做×××"，是很难坚持下去的。所以我把计划由大到小地拆解成了四个部分：

1. 锚定大目标；
2. 寻找意义；
3. 确定项目；
4. 制定行动计划。

其中，锚定大目标和寻找意义是长期目标，确定项目和制定行动计划是短期计划。

大目标指的是你这一生或者至少是最近几年中一定要

实现的目标。例如成为国内教育领域的头部作者或者实现财富自由等。

寻找意义则是思考为什么要实现这个大目标，它对你的意义是什么。正如前面所说，如果有了意义，就会得到更明确的动力。

确定项目就是找出为了达到大目标而必须做的事。以我自己为例，出版时间管理类书籍就是一个。

制定行动计划是列出为了完成项目而必须立即执行的小的行动单位。长期目标遥不可及，我们很难确定为了实现它眼下我们必须做什么，所以才要有好上手的短期行动计划。

想提高实现目标的成功率，就需要同时制定长期目标和短期计划。

| 长期目标 | 锚定大目标 | 一定要实现的目标。<br>例：成为国内教育领域的头部创作者。 |
| --- | --- | --- |
| | 寻找意义 | "我为什么而做？我为什么而活？"<br>思考做事和生活本身的意义。<br>例：我想要帮助那些需要帮助的人或动物。 |
| 短期计划 | 确定项目 | 为了达到大目标而必须达成的任务。<br>例：出版一本书。 |
| | 行动计划 | 完成一个项目必须立即执行的小的行动单位。<br>例：收集资料、写稿、阅读参考书籍等。 |

## 世界级选手也在使用的曼陀罗计划表

很多人想到做计划就头痛——目标定得太远大容易产生压力，也难执行；定得太细碎，又缺乏挑战。这种时候，曼陀罗计划表就是一个很好的工具，它能帮助我们让原本抽象的目标变得具体而缜密，小的执行细节也能一览无余。

日本棒球巨星大谷翔平就是曼陀罗计划表的著名使用者，他正是以这个表格为工具，一步步实现了自己想要达成的目标，高中毕业时便获八大球团第一的提名，被称为漫画中才会看到的怪物选手。这种神奇的计划表其实并不复杂，就是以大目标为核心，不断向外扩充的九宫格。表格中心是大目标，围绕在它旁边的是根据大目标拆解而成的8个相关领域（次级目标），再外圈则是根据这些相关领域衍生出来的具体行动计划。

每个人都可以根据自己的情况设定自己想要努力的领域，作为参考，可以把它们大致分为专业/职业、健康、人际关系、心理健康等。想要填满这个表格并不困难，与我们学生时期常画的思维导图类似，只需在中间写上大目标，在外层像写思维导图那样延伸出8个次级目标以及具体的行动要求即可。

| 每周运动5次 | 晨间拉伸 | 健康饮食 | 认真倾听 | 跟人打招呼 | 讲话明确 | 每周3次专业学习 | 随时提出问题 | 学习判读影像诊断意见书 |
|---|---|---|---|---|---|---|---|---|
| 一年5次心理咨询 | 健康 | 充分休息 | 寻找对方的优点 | 人际关系 | 感谢 | 不断练习手术技术 | 主业 | 每周一次病例报告 |
| 年度体检 | 每天睡7小时 | 每天喝1.5L水 | 冥想 | 分析自卑情结 | 恋爱 | 坚持参加网络研讨会 | 每月两次小组学习 | 每月一次院内报告 |
| 每周上传一次视频 | 研究最新潮流 | 学习设计 | 健康 | 人际关系 | 主业 | 写下行动计划 | 工作中不用智能机 | 使用番茄时钟 |
| 写每日计划 | 视频内容 | 每月一次直播 | 视频内容 | 获得成长 | 时间管理 | 每天写日计划 | 时间管理 | 不要开始太多事情 |
| 订阅者线下聚会计划 | 提供日程管理服务 | 与订阅者积极交流 | 自我提升 | 财务 | 艺术 | 充分休息 | 用专业的方式做事 | 遵守规律的睡眠时间 |
| 一年读50本书 | 写书评 | 学习人文学科 | 学习市场营销 | 阅读财管书籍 | 理财社团 | 每周一次表演课 | 多看经典电影 | 不害怕提出质疑 |
| 冥想 | 自我提升 | 写感谢日记 | 感恩拥有的东西 | 财务 | 必要时不各买单 | 一年写一个剧本 | 艺术 | 多去旅行 |
| 坚持发音练习 | 减少使用一次性产品 | 坚持手语学习 | 记账 | 存下收入的70% | 学习税法 | 学习心理学 | 每年更新简历 | 学习摄影 |

＊用于制定新年计划的曼陀罗计划表

一时半会儿找不到高远的大目标也不必担心，曼陀罗计划表非常适用于制定新年计划，上图就是我的使用示例。

我在表格中央写下了新年目标，即"获得成长"，然后将它切割成了8个想要提升的方向——健康，人际关系，主业，视频内容，时间管理，自我提升，财务和艺术。为了在日常生活中也能够更好地朝着目标努力，我针对每个项目写下了8个小的行动要求。

曼陀罗计划表是可以用来描绘整体目标和行动方案的实用工具，非要说点遗憾之处，那就是它不能用于制定时间计划。例如，在我的曼陀罗计划表中，"每天睡7小时"行动计划这类目标并不需要具体的执行计划，但是为了完成"提供日程管理服务"这类项目，我需要更详细地对各种事项做出时间分配。而这一部分，就可以直接由行动计划表进行补充，我会在后文中提出具体的方法。

> 我的梦想是表演自己的音乐!

> 今年一定要写自己的歌,
> 为了写歌我要……

### ✓ 问问自己

为了实现目标,你有没有真正开始行动,哪怕只是一小步?

# 如何推自己一下，现在就开始行动？

## 达成目标的7个阶段

每到新年，人们往往会以崭新的心情定下新年目标，年末回顾时，才发现实现了的并不多。原因是什么，只是因为懒惰吗？真正的答案其实是，大部分时候我们只制定了目标，却没有把它变成能够指导行动的详细方案。

梦想离我们很遥远，所以为了实现它，必须有条不紊地一步步地搭建好梯子——小的行动汇集起来，往往能创造出很大的成果。所以苦恼于要怎样才能向目标迈出第一步的人，不如先尝试着拟定行动方案吧！

我的灵感来源于博恩·崔西（Brian Tracy）的著作《价值百万的习惯》（*Million Dollar Habits*），这本书用7个阶段概括了达成目标的方法：

第一阶段，树立目标

第二阶段，设定截止日期

第三阶段，制作目标清单

第四阶段，拟定行动方案

第五阶段，消除障碍因素

第六阶段，立即实践

第七阶段，持续推进

树立目标和设定截止日期这两步是很多人在制定目标时也能想到的，但是，真的会制定目标清单、制定行动计划的人并不多。将这两个阶段以一目了然的方式落实成计划，正是我目前所使用的方法。下面是可供参考的行动计划表范例。

**行动计划**（范例）　　　开始日期：2021年1月1日

目标

## 书咖创业项目

- 截止日期　2021年5月
- 怎么做

### 对市场调查和营销工作全力以赴！

| 优先顺序 | 行动方案 | 开始日期 | 结束日期 |
| --- | --- | --- | --- |
| 1 | 报班进修，取得咖啡师专业执照 | | |
| 2 | 选址调查（地产中介） | | |
| 3 | 全国20家书咖踩点 | | |
| 4 | 研究设备和装潢 | | |
| 5 | 阅读市场营销书籍 | | |
| 6 | 筹措资金 | | |
| 7 | 签约店铺 | | |
| 8 | 创立运用于线上营销的新媒体账号 | | |
| 9 | 投资设备和软装 | | |
| 10 | 营业执照申报 | | |
| | | | |
| | | | |
| | | | |

目标达成

如范例所示，这样的行动计划表一目了然，如果想到什么必须要做的事情，可以随时追加上去，真正困难的部分只有实践而已。**所以切记，在使用行动计划表时，比起经常思考目标是什么，更应该专注于当下该做的事情，也就是执行层面的事。**

一味地盯着目标看，只会觉得它遥不可及，从而反复感到挫折。但是，如果只把精力集中在需要落实的某一个行动上，解决好眼前的问题，在未来的某个瞬间，就会发现目标在不知不觉中变得更近了。

许多人都会提前为未来的事发愁，但焦虑改变不了任何事。和大家一样，我也没有能力控制尚未发生的事情，但为了实现未来的目标，哪怕是只能提高一点点可能性的办法，现在也会马上去实践。将现在能够立即付诸实践的事情详细地规划出来，就是有效的行动计划。

只知道做白日梦的话，就只能停留在梦里！

不如这周就准备好需要的装备。

请给我推荐入门装备！

☑ 问问自己

你还在犹豫吗？赶快拟定一个马上就能开始的行动计划吧！

## 如果你还在起跑线前犹豫

**是谨小慎微，还是逃避失败？**

所有动物都害怕变化。因为无法判断新的尝试是安全还是危险，所以要开始的时候就会出于本能变得慎重起来。但我们不是动物而是人类，可以预测危险。若是风险太高，可能就会选择放弃，若是利益大于风险，可能就会选择付诸实践。

为什么人们在行动之际会犹豫呢？理由有几种：第一，担忧是推迟行动的好借口，可以试着想想，你的担忧是否只是为了拖延找借口；第二，担忧是对失败的恐惧。活在世上总要尝试这样那样的东西，因此，每个人多少都会有失败或是中途放弃的经历。"再试一次，如果又失败了怎么办？"这样的负面担忧常常会成为阻碍行动的绊脚石，因为比起尝试之后经受挫折和失望，什么都不做明显要轻松得多。

然而,"尝试—成功"和"尝试—失败"的反复本就是人生常态,是理所当然的事情。尝试之后成功,或是尝试之后失败,都并不是什么特别的经历。

虽然很多书都强调了坚持的重要性,但我们在开始行动之前,最好不要有这种负担太重的想法,不要一直担心如果做不到的话要怎么办。一旦开始行动,成功和失败的概率就会各占一半,但如果连开始都没有,结果只会是100%的失败。

我们很容易把未来的问题提前到现在来苦恼,但这种行为其实是提前吃原本只是有可能受到的苦,很不划算。未雨绸缪有时是过度焦虑的表现。

## 苦恼少一点,行动快一点

想象一下,你站在长长的队伍里,等待打一种非常疼的针。你排在队伍的最后,前面的人打过针后都痛得大叫,马上就要轮到你了,你心里感到越来越恐惧。这种状况下,最轻松的其实是第一个打针的学生。**因为恐惧会随着时间的推移而逐渐加深,随着行动而逐渐消除。因此,如果你感到忧虑不安,最好的对策是尽快开始行动。**

对于非做不可的事情,苦恼"怎么办才好"的时间越长，就会越紧张，而且容易被一定要得到好结果的心情所束缚，迟迟不敢开始。因此，趁焦虑还没有那么重的时候赶快迈出第一步，也许就是好好开始的秘诀。

如果你总是在茫然的情绪中踟蹰不前，或者因为准备不足而不敢开始，不妨来试试下面的三个步骤。

第一步：问问自己，如果想做的事情失败，我或者其他人会因此遭受巨大的损失吗？如果问题的答案是"NO"，就开始行动吧。

第二步：如果还是在担心，可以先定下苦恼的期限，时间以三天为宜，过了之后便不要多想。

第三步：把苦恼的理由写在纸上。人们脑海中的烦恼大多是非理性的，如果平时就是比较焦虑的人，无论想什么都会习惯性地悲观。防止这种情况发生的最好办法就是把想法写在纸上。因为我们把想法整理成文字的时候，理性机制会自行启动，遏制住非理性的胡思乱想。虽然这一步没有什么既定形式，但可以参考下面的表格。

| 现在的苦恼 | 要不要加入健身房会员？ |
|---|---|
| 造成苦恼的理由 | 如果只去过一两次就放弃，会浪费会员费。<br>没有合适的运动服。<br>我是健身小白，周围人的目光会使我不适。 |
| 反驳 | 没试过就不知道要不要放弃。即使去过一两次就放弃了，我也不过是浪费 10 万韩元（约合 500 人民币）的会员费。虽然有些可惜，但也并不是什么会闹到破产的支出。还没去过，很难下定论，说不定根本没人在意我。 |

  像这样把心中的苦恼写下来，就会发现其中很多并非基于事实，而是一团由思维定式、偏见、受害者意识等混杂成的无谓情感，这样的情感只会造成内耗。当你把它们写下来时，往往会发现那些束缚自己的理由，大都只是琐碎小事，甚至让你为此感到羞愧。付诸文字之后，这些小烦恼就会变得明确和无所谓，但如果只是在脑海中反刍，苦恼就会像雪球一样越滚越大。所以，焦虑的时候尽量停止空想，直接把想法用文字写出来吧！这个方法不仅适用于定目标、做决策，它还能够帮助你应对在生活中感受到的所有担忧和不安。

  我甚至也会在不想上班的时候做这样的练习。我会问自己为什么不想上班，然后试着把所有的理由写下来。阅读这些理由时，我会意识到其中很多都是非常不合逻辑的，脑海中生出了很多反驳的声音，最终说服了自己。

像"我为什么讨厌那个人""为什么电脑出故障我会生气"等这些再平常不过的场景，试着用这种思路来写一下，也会得到很有趣的结果，同时也能帮助自我觉察——原来自己竟是以如此相似的思维模式去面对事情的。我要开始做某件事时，很容易陷入焦虑的循环，后来我意识到了这一点，就会在跌进焦虑怪圈之前喊停，告诉自己"小心，你又要开始犯傻了"。

我想学瑜伽，但听说练不好的话
有可能会受伤，而且好像也不能减肥。

好像我一直都在这么空想，
到头来什么也没干……

☑ **问问自己**

你是否有太多忧虑？停止思考，用记录和行动解决苦恼吧！

## 只为自己
## 制定目标的方法

**Tips**

---

所谓目标就是想要达成的事项，对于目标的好坏，没有客观标准。在这里，我首先想谈谈制定目标时人们经常犯的错误，以及为了实现目标而努力的过程中需要注意什么。

首先，在制定目标的时候，我们必须扪心自问，这真的是我自己想要做的事情吗，还是只是单纯想找件事情做，为了目标而制定的目标。如果一个人总是很在意他人的眼光，长期按照别人制定的标准而生活，就很容易搞不清自己真正想要的是什么。甚至有很多事情不是自己想要的，还要骗自己去做。那么，该如何只为自己制定目标呢？以下是我给出的参考方法。

### 1. 我的目标是否过多地受到了他人影响？

很多时候我们都会有"如果我能实现这个目标，妈妈一定会很高兴"这种想法。所以在制定目标之前，想一想你是不是出于"为了成为令某人感到自豪的人"这样的理由。虽然身边人的幸福最终也会成为自己的幸福，但这不能成为你制定目标的主要依据。事实上，造成很多人离自己想做的事情越来越远的重要原因，就是过度在意周围人的目光。虽然能够同时满足自己和他人的目标是最理想的情况，但请记住，无论何时，你自己的幸福都要比别人的幸福更重要。

## 2. 我的目标是否出于报复式的目的？

有时候，我们只是为了向从前无视自己、看不起自己的人证明自己，就抱着复仇式的目的来制定计划。这种想法多半是在深层的潜意识中形成的，很难轻易察觉，因此要特别小心辨别。

## 3. 是不是因为小时候受过创伤才衍生出现在的欲望？

发现自己特别执着于某个目标到近乎偏执的程度时，就要检视一下，小时候是不是有过被剥夺的感觉，或者受到过心理创伤——过度减肥、盲目拜金等都是常见例子。虽然脑海中想着"只要用我喜欢的名牌把衣帽间填满，就会感到快乐"，但你内心深处正在渴求的或许是其他东西。这种目标，即使你拼命努力去实现了，也很难获得真正的满足。如果你完成了目标却还感到空虚且后悔，难道不会为付出的时间和努力惋惜吗？

人们往往很难完全理解自己的内心，关于如何防止自己树立假目标，这里也有一些小贴士可以用来参考：

**第一，行动尽量快，但是目标制定得要慢。** 虽然尽快行动能够帮助我们甩掉焦虑情绪，但是设定目标时却不必强迫自己马上做决定，多留点时间反刍和思考会更好。

**第二，目标随时都能修正，要尽可能保持开放的心态，留有可能性。** 很多事情要等开始做了才能有所了解。当你设定好目标并逐步执行时，过程中如果有任何不舒服、不想持续或者不开心的情绪，大可以放弃或者调整，无须硬撑。重点是不要只在脑子里想东想西，每天都要竭尽全力去行动，这样坚持下去，就会碰到原本意想不到的好机会或是树立起新目标，到时只要重新调整选项即可。

**第三，问问自己，目标一定要实现才有意义吗？** 目标会给我们指明方向，成为引领我们前进的力量。但是要注意保持心态上的平衡，小心不要陷入盲目的目标导向。"不能实现的目标就没有意义""一定要实现目标才能成为有价值的人"，这样的想法是不对的。过于执着的目标，最终只会成为毒药，理由如下：

### 1. 人生是不可预测的

　　这里并不是说无论怎么努力，目标都有可能无法实现，所以我们也不需要太尽心尽力。而是想提醒你：无论是机会还是危机，总会在意想不到的瞬间以意想不到的方式出现，所以请为自己开放更多的可能性，不要用目标来给自己设定限制。定下目标、朝着目标努力没问题，但不要将目标看作人生的全部，只顾着向前方奔跑，很容易失去生活的乐趣。

### 2. 拼命也不一定能提高胜率

　　执着于所追求的目标，鼓足干劲全力投入，是大家都认可的优良品质，但这其实不一定能提高实现目标的可能性，我们只需要在今天能做的事情上全力以赴就可以了。

### 3. 不断比较"理想的我"和"现在的我"，常常会让人感到挫败

　　比达成目标更重要的是获得当下的快乐。如果每天思考着目标，想象自己实现目标的样子，这样就能感到快乐和幸福的话，你大可以无时无刻不想着自己的目标。但是，不断比较"理想的我"和"现在的我"，带来的往往只是挫败感。与其这样，那倒不如不要制定目标了。目标的存在

是为了每天帮助我们不动摇地把握行动方向，而不是要让你对现在的自己不满意。

　　人生本身往往不是按计划进行的，我很喜欢各种不确定性。虽然意想不到的变数可能会带来危机，但很多预料之外的机会也会像礼物一样来到我们身边。机会只眷顾有准备的人，如果你认为现在做的事情是有潜力的，那么只需坚持每天努力即可，不必那么在意结果。过程中若是有机会来临，就大胆把它抓牢。

# PART 04

## 晚间计划第二步：赢得时间自由

# 把一天当成两天过的
# 时间管理法

小时候觉得按表上课很无聊,
像是戴着镣铐一样没有自由。
现在我按自己的喜好排出行程,
不再把时间浪费在苦恼要做什么上,
照计划聪明而恰当地填满时间就好。

如今我不再有被束缚的感觉,
反而能够乐在其中,
享受这样重复而充实的日常。

人类最难做到的事,
就是了解自己,改变自己。

　　　　　—— 阿尔弗雷德·阿德勒（Alfred Adler）

# 时间不够用：
# 你的"一天"就像是欠整理的硬盘

## 寻找散落的时间碎片

我是一个不擅长使用电脑等电子设备的人，以前跟着认识的导演学习视频编辑，虽然他一开始就强调文件整理的重要性，我听到耳朵都快磨出茧子了，但是至今也没办法驾轻就熟地做好这件事，常常把需要删除的文件原封不动地放置不管，也懒得在移动硬盘上存档，有时还会因为嫌麻烦而胡乱保存，总要等到跳出驱动器容量不足的通知消息，才开始大规模的整理。当我彻底把很多没用的自动储存文件清理干净之后，往往会腾出不少容量，电脑便又可以正常运转一段时间。

我们经常说自己很忙，没有时间。一天只有24个小时的"容量"，其中7到8小时用来睡觉，另外8到10小时是固定的上班时间——用电脑来打比方，这些时间就像是基本操作系统所占据的容量。但是电脑可以通过花钱来升级硬盘容量,时间却不行。不管是贫是富,每个人的一天都只有24个小时,就像是一个无法升级的硬盘。即便如此,以减少基本睡眠时间为代价确保空闲时间也是不可取的,因为持续消耗自己的事总是不能长久。

仔细观察那些总把"我很忙"这句话挂在嘴边的人,你会发现他们把日常生活中的很多时间都浪费掉了。和整理电脑文件一样,经常精心打理自己的生活和时间也是很困难的。我也是一个没有整理天赋的人,不仅不会整理文件夹,连物品整理和时间管理都做不好。但是我抱着不能再这样下去的想法,开始使用每日计划表来管理时间,如今已经积累了不少经验,在此也想分享给大家。

## 我们为什么总是抱怨没时间?

我开始学习时间管理的契机很简单,就是想做的事情太多,且不想放弃本职工作,于是和很多人一样,受到时间不够用的困扰。因此,我开始尝试合理分配时间和精力,专注且快速地处理好该做的本职工作,在此基础上安排业余时间和日程,并根据实际情况不断进行调整。长此以往,我掌握了不少时间的秘诀,不论是什么事情,只要我想做,就能够不担心时间的多少,随心所欲去做,这一点是最让我开心的。换句话说，我得到了时间自由！

**大家之所以总抱怨时间不够用，第一个原因就是很多人都对时间的流逝毫无意识。**时间不具备物理形态，不能用手紧紧抓住，但是我们能够在意识到其存在的基础上，通过别的方式好好把握它。

首先我们要理解时间的特性：当你意识到时间的存在，并持续注视它时，时间就会流逝得很缓慢；但如果你忘记了时间的存在，就会感觉过得很快。以下三个场景，是人们觉得时间过得最缓慢的时候：等待泡面泡好时，坚持平板支撑时，等待退伍时。因为在这些场景里，你对时间的关注度很高。而百货商店或购物中心里没有钟表，就是为了让顾客忘记时间的流逝，在不知不觉中停留得更久。

很多时候我们会感觉下班回家只不过吃了个饭、洗了个澡，时间就消失了，这就是因为我们没有意识到时间的存在就任由它白白流逝了。如果你能够意识到时间的存在，再去使用它，就会发觉下班后的时间其实很长。如果养成这种习惯，在一天之中有意识地提醒自己注意时间的存在，就能比别人拥有多出一倍的时间。

**觉得时间不够用的第二个原因是：生活中很多无关紧要的事情正在偷偷夺走你的时间。**一天之中必须做或者想要做的事，其实没有你想象中那么需要花时间。和朋友们在线上闲聊或是习惯性翻看社交媒体的时间加起来，反倒比你想象的更长。

想要解决在无意识中浪费时间的问题，可以试试每30分钟或者一小时就来回顾一下自己刚刚做了什么，以此了解自己究竟是如何使用时间的——这一点后面也会展开说明。

## 察觉时间的存在，而不是时刻盯住手表

即使是做同样的事情，有的人等到下班也完不成工作，要把工作带回家，有的人则能在工作时间内就完成任务，回家便可以享受闲暇时光，他们的差别在哪里呢？你可能会认为这是注意力集中程度的差异，但正如前面所说，"是否注意到了时间的存在"才是关键。但这并不是要你整天盯着手表看，而是要在心中有一个时刻表：现在几点了，这项工作开始多长时间了，我手头上正在做的是什么事——这些都是要在心里明确的事情。发呆的瞬间，时间会飞快地流逝，因此必须要时刻关注时间。

如果试着把到公司后开始工作，不，是你以为在工作的8小时分解成碎片，就会发现，**认真做正事的时间和发呆、开小差的时间是混杂在一起的。再细看，即使是你真正用于工作的那段时间，也有一部分是迷迷糊糊、只投入**

**了一半精力的。**这是人之常情，因此才要有意识地跳脱出来，以旁观者的立场反复确认自己现在正在做什么，完成这件事还需要多少时间，并慢慢将此培养成习惯。这样一来，当你把时间用在不重要的事情上时，很快就会察觉到。

日常生活中也是如此，一天之中，每个人被赋予的时间都是同样的24小时，有的人明明没有什么特别的事情要做，却总是天天喊着"我好忙"，还有一些人手头上已经在做很多事，但是只要看到新的机会就不会错过。

没有意识到时间的存在、任凭其流逝的人，就好像是把时间放进了无底洞。如果想找出在哪里浪费了时间，就需要通过写每日计划表或每日回顾表，帮助自己发现时间是从哪里溜走的，这是亡羊补牢的方法，也是我坚持实践并鼓励大家掌握的时间管理的核心习惯。

现在就让我们开始了解关注和监控时间的方法吧！当我们弄清自己使用时间的模式之后，就会知道要从哪里开始调整。

要做的事情很多却没有时间?

真的是时间不够的问题吗?

☑ 问问自己

平常你有没有意识到时间的存在?

# 今天都做了些什么：
# 利用时间轴计划表回顾每一天

## 每小时回顾，找出高专注时间段

人们想要开始尝试进行时间管理的时候，最先想到的通常就是使用计划表，也就是事先安排好待办事项，把它们写在笔记本上。但是我认为事后记录要比事前计划更重要，实际上，真正让我脱胎换骨的也的确不是待办清单，而是事后记录。我专注做事后记录的那段时间，行动力也是更高的。

事后记录指的是每完成一件事情或者每隔一小时，就记录下刚刚所做的事。也许你会困惑：记录已经发生的事有什么意义吗？可别小看这个简单的动作！首先，它能让你检视自己每个小时都做了些什么事。而且，如果持续这样记录，你就会发现自己特定的时间使用模式，久而久之，就能找出自己的"高专注时间段"和"低效率时间段"——也就是在哪个时间段做哪件事最能集中精力，何时何地做哪种事情最缺乏效率。人们多少都会有自己很难察觉的惯性行为模式,通过使用小的单位来检视每段时间的流逝,可以帮我们及时觉察和反省,据此调整行事方法,之后更好地利用时间。

这个办法听起来简单,但在成为自发性习惯之前,其实很难实践。我们平常的日程已经很紧凑了,且通常是凭借惯性一口气把要做的事情做完,中间很难想起准时做事后记录,所以需要一定的时间来适应。

此外,把笔记本装进口袋,时时刻刻都拿出来记录也有些麻烦,所以不妨善用各种工具。不仅是每小时回顾,我有什么新的想法时,也会使用即时通信软件"与自己聊天"的功能进行简单记录,稍晚再转写到计划表上。当你手上的事情做到一半又要转做下一件事,急需备忘,或者有什么突发灵感时,直接给自己发送消息就好。手机软件会自动记录发送时间,这样回顾起来也很方便。等你有空在书桌前坐下,或是晚上睡觉前,挑选重点信息写在笔记本上就可以了。

除此之外,使用 Toggle 等 App 也是不错的办法。本章最后就会介绍几个好用的时间管理类 App。

## 如何规划日程页面

一个完整的日程页面大致包括：今日目标，任务清单，时间轴（包括左侧的事前计划和右侧的实际行为），次重要的记录栏位（例如饮食和运动记录等）。下面是具体使用方法。

### 1. 设定今日目标

今日目标可以是有形的，比如写一篇读书笔记；也可以是无形的，比如联系某位喜欢的朋友。

### 2. 写下任务清单

前一天晚上就把明天的待办事项写下来。不是想到什么就写什么，而是从最重要的事开始，按照重要程度从1号写到6号，标记为"0"的，则是无关重要程度但必须在今天处理掉的杂事，比如"记得路过文具店时买个铅笔芯"之类。

任务清单当天早上写也可以，但我更推荐前一天晚上写。有研究结果表明，晚上在纸上写好明天的待办事项的人，比没有这么做的人平均早9分钟入睡。这是因为把应该做的事情记在纸上就不用费心费神自我提醒，可以安心下来。这样做还有一个好处，那就是第二天早上一起床就可以直接朝着目标前进，不需要热身时间就能进入状态。

## 每日计划（范例）

日期：2021年1月5日

**今日目标**

友善地对待我见到的每一个人

### 时间轴

| | | |
|---|---|---|
| 起床 | 06:00 | |
| 运动 | 07:00 | 运动 |
| | 08:00 | 通勤 |
| | 09:00 | 上班，确认邮件 |
| | 10:00 | 开会 |
| | 11:00 | 业务 |
| | 12:00 | 午饭 |
| | 13:00 | 业务 |
| | 14:00 | 浪费时间 |
| | 15:00 | 写报告 |
| | 16:00 | 准备发表 |
| | 17:00 | 业务，外勤 |
| 和慧仁约晚餐 | 18:00 | 晚餐、咖啡 |
| | 19:00 | 咖啡 |
| 专业学习 | 20:00 | 专业学习 |
| | 21:00 | 专业学习 |
| 读书、冥想 | 22:00 | 读书、冥想 |
| | 23:00 | 休息 |
| | 24:00 | |

### 待办事项

1 完成报告书 ☐
2 专业学习 ☐
3 读《晚间日程的力量》 ☐
4 ☐
5 ☐
6 ☐
0 买自动铅笔芯 ☐
0 预约安装网络 ☐
0

**喝水**

● ● ● ○ ○ ○ ○

**吃饭**

早餐：贝果面包
午餐：拌面
晚餐：定食
加餐：2块曲奇饼干

### 3. 以时间轴为中线，事前事后都要记录

以时间轴为中线，左侧写任务清单和约会安排等事前计划，右侧写事后记录，即实际上做了哪些事。这样一对照，就能马上看出计划的完成情况，也能看出哪些事比预想中的要更花时间，哪些事其实更快就能做完。

需要谨记的是，事后记录是日程表的核心，绝不要等到一天的时间都过去，晚上才凭模糊的记忆集中记录，人是无法按照时间顺序把一整天所做的事情都记得很清楚的。依靠记忆进行回顾，最终只会和没写一样，所以必须每隔一小段时间就用手机或者笔记本记下来，以便准确掌握并减少在无意识中浪费掉的时间。

记下今天所做的事情之后，建议可以用5到6个颜色，把不同的事项分类标示出来。比如读书或专业学习用黄色，本职以外的创造性工作用粉红色，处理公司业务用红色，自我提升用蓝色，休息用绿色，浪费时间用灰色。这样就很容易一目了然地看到自己今天在什么事情上花了多少时间，观感也不错。晚上回家后还可以用荧光笔勾画重点，再次确认这一天是怎么度过的，进行反思。

**值得注意的是，不要把在公司里所有的时间都写成"工作"，也不要把坐在书桌前的所有时间都写成"学习"**。在工作时间里做了什么事，都要尽量具体地写下来，中途跑去刷网页或和同事闲聊也要如实记录。同样地，如果是用

于学习的时间，就把具体的学习科目写下来，这能帮我们找出不知不觉中浪费的时间。

### 4. 记录次要栏位

这个栏位可以每天记录除了工作或既定任务之外的重要事项。比如我认为喝水和吃饭很重要，所以每天都在记录，有运动习惯的人也可以在此记录运动情况。

## 写一个月每日计划表，你会看到很大改变

第一次使用每日计划表时，你一定会大吃一惊，因为浪费掉的时间远比自己想象中的多，过得充实和紧凑的时间却很少。如果没有把时间以小时为单位记录下来，我们的大脑就会出现"今天是忙碌的一天"或"今天坐在书桌前很久，为什么只做了这么点事情"这种笼统的记忆。只有准确意识到问题是什么，才能对症下药。即使没有特别努力想着去改善，如果每天晚上都遭受浪费时间的"事实暴击"，也一定会开始有意识地调整自己。**不是因为别人的要求强制改变，而是自己感受到改变之必要，自觉地反省和调整，久而久之就会建立习惯**。比起阅读一百遍教你做时间管理的书籍，不如亲自写一个月每日计划表，后者对你

的帮助会更大。

写每日计划表确实是件难事，毕竟每小时都要提醒自己记录。刚开始执行时中途忘记记录，或者写得不够完善，都是很正常的事，不需要介意，关键是坚持下去。只要你没有放弃，坚持去做，总有一天日程管理就会像呼吸一样自然。到了那一天，你一定会非常感谢当初那个下定决心开始写计划表的自己。

原来我今天是这样利用时间的啊。

开始记录时间之后,我才真正掌控了这一天。

☑ **问问自己**

坚持写每日计划表后,你发生了什么样的改变?

## 奇迹的睡前时间怎么用：建立独属于你的晚间计划

### 什么时间做什么事情最有效率？

下班或者放学后的晚间时间，比起一天之中的其他时候，都更容易稍纵即逝，却也可以成为改变人生的奇迹时光。因此，如果想精打细算地利用这段时间，最好的办法就是事先安排，在固定的时间做固定的事。

如果想知道自己在什么时间段做什么事情最有效率，可以在使用时间轴计划表的同时，把记录自己的集中程度标示出来。我在观察过自己的每日计划表后发现，上午是我的体力高峰，适合用来做费力气的工作，晚上则更有灵感，适合做需要创造力的工作。因此，我会把早上（上班前的时间）拿来运动，视频编辑或写作则主要安排在晚上。像这样根据自己的特点找对节奏，有计划地给各个时间段分配目标，最终就会形成自然的习惯。

### 第一步：盘点你的空闲时间

想要制定按部就班的晚间固定日程，首先要把你在一天之中能够自由支配的所有空闲时间都盘点清楚。例如，我的上班时间是上午10点，比别人稍晚些，因此上班前会有2个小时左右的空闲时间，下班后则有3个小时左右的空闲时间。不少人都是9点上班，但因为公司的远近不同，空闲时间也会不一样。如果通勤时间太长，那么放掉早上，保证晚上的时间也是足够的。

特别注意，要记得统计做日常小事所花费的时间——例如下班后吃晚饭的时间，晚上遛宠物散步的时间——把它们从空闲时间中扣除，剩下的才是纯粹的自由时间。**这样做是为了提醒自己不能因为埋头做自己想做的事而放弃生活中基本而重要的事，比如陪狗狗散步、陪家人聊天。**我们常常因为忙于向前冲，忽略了真正重要的人和事，等到后悔就来不及了。这一点，也是我从自己的惨痛经历中体悟出来的心得。

### 第二步：了解想做之事所需的时间成本和专注程度

拟定计划前，要先思考一下你想做的事情具体需要花费多少时间，投入多大的专注程度。特别是计划中如果有某个事项需要坚持数天，或者每周做2到3次，就更要计划好每天要做几个小时。我们常常心想"哎呀，小事而已，1个小时绰绰有余！"，实际上往往花了更多时间，这样的情况再普遍不过。这也是我在前面不断强调要进行事后记录的原因，这能够帮助你确切地知道自己做某件事所需的时间。**如果是初次尝试的事，不妨比预估多排1.5倍的时间，后面边执行边修改即可。**

## 第三步：制作晚间日程计划表

制作专属于自己的晚间日程计划表时，你只需要和学生时期写课程表一样，把想做的事情填进方格里就可以了。

但是同样的，开始实践之后，你会发现现实和想象很不一样。有些事情可能比预想的更花时间，有些事情则可能非常消耗精力，根本不适合放在晚上做……这样的情况，都可以在执行过程中根据需要适当地进行修正。

很多人会认为修正计划就代表着失败，事实绝非如此。这种战略性修正的目的是为了得到更好的结果。我们只需抓准一个大方向即可，其他内容都可以像打草稿一样，边执行边调整，如此反复，直到找到最适合自己的生活节奏。

## **晚间日程计划** （范例）

时间表

| | MON | TUE | WED | THU | FRI |
|---|---|---|---|---|---|
| 17:00 | 工作时间 ||||| 
| 18:00 | 下班途中听播客 ||||| 
| 19:00 | 吃晚饭，做家务 ||||| 
| 20:00 | 读工作相关的材料 || 策划和编辑视频 ||| 
| 21:00 | 学习英语 ||||| 
| 22:00 | 瑜伽后洗澡 ||||| 
| 23:00 | 边听古典音乐边读书 ||||| 
| 24:00 | 编辑每日计划表，冥想后睡觉 |||||

## 时间表不是用来囚禁自己的

对于有些人来说，按照时间表制定的日程行事会有种被枷锁束缚的感觉。例如，你计划晚上10点开始学习英语，如果比这个时间开始得稍晚一点，就可能会感到压力，甚至会以此作为放弃的借口——"反正已经晚了好几分钟，不如就别做了"。这样的心态再正常不过，所以我们应当时刻自我提醒，制定计划、为各个时间段设置目标并不是为了逼迫和囚禁自己，只是为了方便执行，避免在能够自由支配的时间里无事可做，虚度时光。

尤其是像我这种生性散漫，手头上却常有很多工作要做的人，如果不制定时间表就会更加慌张。我纯粹是为了把该做的事情整理清楚才开始进行时间管理的，这就像是为了从一本厚重复杂的专业书中快速找到需要的部分而制作索引。

小时候觉得按课程表学习很无聊，像是被束缚住了手脚，但是现在必须做、想要做的事情变多了，有这样系统化的日程反而让我更为轻松。毕竟时刻苦恼着接下来该做什么的混乱日常，也会给我们带来压力，为每个时间段定好目标并按照计划执行的生活反而更单纯美好。

如果出现了更紧急或更想做的事情，我也不会因为无法按计划行动而产生压力，而是根据实际情况灵活地调整计划。**请务必记住：计划是为了帮助我们而存在的，不是为了监视和束缚自己。**

## 做得下去的计划才有效

有些人是非常容易沉迷某事且很心急的类型，感觉上来就疯狂投入，刚开始时没多久就迫切地想要看到理想中的成果。但是像这样从一开始就飞速燃烧热情是很危险的，能量消耗得太快，做到中途就可能因为失去兴趣或者感觉疲惫而放弃了。因此我们要提醒自己，无论对于多么有趣，或者多么渴望跳过中间步骤、一次就做到的事情，都要保持稳定步调，合理分配能量，一点点坚持下去。

想要把握好这个适当的尺度并不容易，所以我们需要在做计划的时候就适当分配好目标。预定的时间结束了，即使想多做一点，也要停下来休息。完成计划的部分之后能够马上转去做其他事情，也是很重要的能力。

不管是自我提升、学习、工作还是副业，我认为最重要的都是"可持续"。有些人会因为刚开始做某件事时看不到明显的效果而感到焦虑——比如产生"一天只运动30分钟会有效果吗"这样的疑问——这很正常。日复一日地坚持下去，当你觉得每天运动30分钟就足够的时候，就离体验到价值感的时刻不远了。

洗好澡，读过书，做完拉伸，今天的晚间固定日程就结束啦！

做完计划要做的事情，时间就一点都没有浪费。

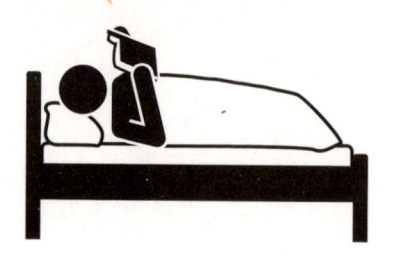

☑ **问问自己**

苦恼要做什么的时候，时间是不是就白白流走了？

# 该做就做,该玩就玩:
# 用番茄工作法绑定注意力

## 滚下坡去的橙子

要做的事情那么多,时间却总是不够用。长大后的我们常常过着十分紧凑的生活,感觉就好像是拎着一个超级大的纸袋,里面装满了橙子,战战兢兢地走在下坡的路上。中途纸袋被撑破,橙子滚落,我们想把它们捡起来放回袋子,但往往是捡一个掉两个,如此往复,怎么努力都于事无补……我们常常这样盲目度日,费了很大力气,却什么都没有解决,一天就这样过去了。

坚持做某件事对我来说并不难,但我不论做什么事,注意力都没办法集中很长时间。因此,从前我在做 A 的中途,脑海常常会突然闪过 B,这时就会停下手上的工作跑去做 B。等我再回去做 A 时,要花很长时间才能再次集中注意力。对我来说,最困难的事情就是把注意力全部集中在一处。一开始我很单纯地认为,如果已经无法集中注意力，不如先去做别的事，但等我重新回到原本的事情上，依然会很快就分心。这种过程显然不能称之为战略，而是一种非常没效率的方法，长此以往，只能事倍功半。于是我不断探索解决之道，并找到了方法。

## 我的番茄周期：专注45分钟—休息15分钟

我总是在做着一件事的同时想着其他事情，比如身体坐在书桌前，脑子却一直反刍昨天做过或者明天要做的事，因此注意力下降，无法做到全神贯注。**于是我开始练习把自己绑定在某处——当然，这并不是说用物理方法将身体绑在椅子上，而是把经常涣散的注意力钉住不动**。在诱惑众多的当下，注意力几乎成了一种稀缺资源。网上有很多帮人集中注意力的方法，但我试验下来，最有效果的仍是番茄计时器。

说到番茄计时器，大家应该并不陌生。它原本特指做成番茄形状的厨房计时器，后来则演变成了一种能够帮助人们提高注意力、提高单位时间工作效率的工具。其使用逻辑很简单，就是将专注时间和休息时间切成块状，例如以30分钟为单位，工作25分钟，休息5分钟。设定好计时器便开始专注工作，中间不做任何其他的事情，等到铃声响起，便开始休息放松。

经过反复试验，我发现"工作45分钟—休息15分钟"的周期最适合自己。我是那种如果有很多事情要做就会感到着急的类型，也曾怀疑休息15分钟会不会太长，但其实只要集中精神，45分钟的工作时间已经很足够了。当然，每个人注意力的情况都不一样，按照自己的步调增加和减少时间，找到最适合自己的周期即可。一个专注时段加上一个休息时段，就是一个完整的番茄周期。

具体操作中不一定非要使用番茄计时器，普通时钟、手机 App 或者 Google 的 Time Timer 都可以。比起工具，更重要的是要在集中注意力的时间绝不做别的事情，改变工作种类也不行，时间到了就要准时休息。即便你在收集资料的过程中，突然想起今天有一封邮件需要寄出，也不能此时就去发邮件。如果真的突然想起什么必须做的事情，可以先写在手边的便签上，等一个周期结束后再做。当然，也要把智能手机放得离座位远一点，不要总去确认消息。

在重复了3到4个番茄周期后，别忘了给自己一段比较长的休息时间，至少是30分钟。因为番茄工作法的精髓在于，好好休息与认真工作是同等重要的——要知道，这样工作会比平时更加全神贯注，精力也消耗得更快。

只要养成了即使想放弃也要努力坚持45分钟（或者任

何适合你的时间）的习惯，就会变得越来越专注。这个方法真的很好用，像我一样个性散漫、想法又很多的人，不妨试着把它和日程表搭配使用。

对了，明晚吃点什么好呢？

45分钟之后找一下美食店吧。

☑ **问问自己**

你是否能够真正把注意力绑定在正在做的事情中？

# 时间也可以"断舍离"：
# 帮你减少无谓苦恼的极简主义

## 放弃不重要的事

时间有限，对于上班族而言，不可能把想做的事情全都做完，所以决定事情的优先顺序是非常重要的，懂得放弃不那么重要的事也是一种聪明的策略。放弃不重要的事，就和删除不会再使用的文件一样，把生活中不重要的东西毫不留情地丢掉，这样一来，日常就会变得简单利落。

极简主义不仅可以减少无谓的时间浪费，还可以减少无谓的金钱浪费。例如，我每个季节最常穿的就是那么几件特别喜欢的衣服，因为嫌麻烦，我甚至准备了春秋季每天都能穿去上班的套装，称之为"校服"。化妆品用光了，我也不会特意挑选新产品，而是再次订购同样的产品。如今，各色营销资讯不断入侵我们的生活，你随时都能看到新产品测评，说哪种粉底液能够提亮肤色不暗沉，哪个眼影既显色、性价比又高。但我认为，在精力有限的情况下，应该减少在这些事情上的烦恼，至少是减少上网查东查西的时间。

作为 YouTube 博主，很多人都以为我会使用一些高级的摄影和录音设备，但其实我在运营 YouTube 频道第三年的时候，都在使用同一台相机。像这样减少生活中的选择，往往能够最大程度上帮助我们节约时间和精力——除非是手机和相机出故障了，不然我也不会考虑换一台新的。

为选衣服、买化妆品或者吃什么这类事情苦恼，会花去不少时间和精力，对我个人来说，这些时间可以用来做更有趣、更重要的事情。也许有人觉得没必要为了节约几分钟时间做到这种程度，但这些琐碎的时间积攒在一起，数量也不容小觑。更何况做这些选择所耗费的不仅仅是时间，还有相当多的精力，最好把力量积攒起来，去思考更有价值的事情。

**如果你有很多想做的事情，但是却没有足够的时间，那么应该思考一下你是真的没有时间，还是没有勇气为了自己最想做的事，去放弃一些不那么重要的事。**想想看，没时间对你而言是否只是潜意识中想偷懒，或者不愿意割舍其他事情、放弃闲散慵懒生活的借口？除了不断抱怨之外，有没有可能放弃一些无关紧要的琐事，把真正重要的事情往前挪一挪？

## 有些事情不紧急，但重要

刚开始经营副业时，我既不会管理时间，也不懂如何规划事情的优先顺序，每天都像疯子一样沉迷工作，忙得不可开交，然后像被催命一样收拾残局。久而久之，我开始顾不上身边的人，和好朋友的约定、和家人在一起的时间也只能通通延后，然后像鹦鹉一样反复说"对不起，最近太忙了""下次，有时间的话"这样的话。没办法好好区分工作时间和休息时间的我，整个人也变得越来越奇怪。

因为忙碌而疏远了重要的人，这使我感到非常遗憾。为了不再重蹈覆辙，我下定决心，要像信教的朋友一样生活。我周围有很多信教的朋友，他们不管平时有多忙，即使周一有重要考试，周日也会按时去教堂，因为他们从一开始就认定周日是要预留出来的日子。

人们在决定事物的优先顺序时难免会有盲点，最容易忘记的就是那些不紧急但重要的事，对有宗教信仰的人来说是去教堂参加礼拜，对其他人来说，则是与重要的人一起度过的时间，或是休息、运动、冥想等。这些事情对生活而言非常重要，但并不紧急，带来的改变也不明显，所以我们常在不知不觉中把它们往后推迟。但越是这种成果不明显的事情，越要有意识地考虑到，并预先为此挪出时间。忽略这些生命中的珍贵之事，到头来只会让我们追悔莫及。

为什么有那么多伤脑筋的事情？

清除无关琐事，把精力集中在重要的事情上吧！

☑ **问问自己**

你花在不重要的事情上的时间，是不是比自己想象中的多？

# 避免浪费时间的技巧

## 问题不在于追没追剧，而在于有没有充电

下定决心开始时间管理之后，大家很容易就会想用生产性的活动把时间填满，也会误以为善于管理时间的人都是一刻不停地在工作、学习和自我提升。开始使用每日计划表之后，这种强迫感会变得尤为严重。我也听过不少朋友反馈说，按理说事后记录应该要把自己做了的事情都写上去，但不知为什么，好像就是没办法把休息、刷剧这样看上去很"废"的事情记下来。

对于这些情况，我想说，时间管理并不是要你把所有时间都用在生产性的活动上，检视自己有没有好好休息也是很重要的。

你应该有过感叹"啊，我已经休息饱了，好想快点做事！"的舒畅心情，也有过什么事都没做，时间就无故消失了的郁闷经历。我们需要警惕的是后者，而不是前者。在

保证充足睡眠的情况下，与其傻傻躺着休息，不如做一点自己喜欢的事情，追剧、聊天或者发呆都可以，只要能缓解压力、放松身心就行。

在我成立的"每天写每日计划表小组"中，成员们会把自己每天要做的事分成5到6种类型，但很多人都反馈说自己搞不清休息和浪费时间的区别。在我看来，这两类时间的共同点是都没有什么产能，区别则在于休息对于人们而言具有积极意义，浪费时间却是消极的，只不过很多时候，尤其是对于那些不想浪费哪怕一点点时间的人，休息也会带来压力，要分辨这两者就更是困难。

有成员表示：只要有充电的感觉，就是有效的休息；如果休息后心情很不好，就是浪费时间。也有成员表示：在体力和精神都达到极限时，看起来什么都没做的放空就是最好的休息。虽然大家各有各的看法，这个问题也的确没有标准答案，但是多数人都认为：没有计划、毫无想法地任时间流逝，就是浪费时间；如果能有意识地让自己在工作和学习的空档之间休息，就是正面的充电，而非虚度光阴。

**总之，时间管理中最大的敌人不是休息时间，而是既没有好好休息，也没有好好工作，只是马马虎虎地度过的时间。** 这些在我们没有意识到的情况下就偷偷消逝的时间，就好像是一段被删减掉的人生，仔细想想实在是很可惜的。

所以，不妨将自己当成时间的守门员，睁大眼睛，检视有没有时间从黑洞中流走，自己在什么情况下最容易浪费时间——日复一日，直到养成习惯。但要记得，休息不等于浪费时间，只有了解并尊重自己的身体和心理习惯，才能更好地应对突发状况，随机应变。

## 模糊工作和休息界限的智能手机

和所有人一样，我从前也过着被智能手机绑架的生活，随时都想把它掏出来看看。有时只是好奇自己的账号有没有新的点赞或评论，之后就沉迷其中，刷来刷去，不知不觉就过了很长时间，手头上在做的正事也完全被抛到了脑后，回头继续的时候要适应很久。

直到写这本书的当下，我也还在努力面对这个问题。中间我试过了各种方法，下面把最简单有效的几种介绍给大家，以供参考。

### 1. 把手机关进抽屉

最直接有效的办法，就是把手机放到眼睛看不见的地方。手机上瘾的人基本上已经养成了条件反射式的习惯，这种情况下，只要手机出现在显眼位置或者手能接触到的范围内，在意识到之前，可能就已经把它抓过来了，就好像完成那个动作的手不是自己的一样。我的工作很少需要接打电话，因此开始工作后便会把手机关进抽屉，并把充电器也放得远一点。

## 2. 贴便利贴

即使如此，手还是会不听自己的使唤，神不知鬼不觉地就打开抽屉，拿出了手机。因此，我推荐设置一个简单而有用的小小障碍物，那就是在手机屏幕上贴上便利贴。这个动作看起来不起眼，实际效果却非常明显。另外，在便利贴上写一些能够激励自己的字句也不错，比单纯使用励志壁纸要有用得太多。这样，每当你想看手机时，就要先打开抽屉，再摘掉贴在屏幕上的便利贴——很麻烦对吗？这就对了！只有把过程变得麻烦一点，才能彻底摆脱诱惑。

## 3. 写手机使用计划

在需要赶截止期限或集中注意力做某事的时候，我会写手机使用计划——听起来正式，操作方法却很简单。你只需提前计划好今天要使用手机的时间，把它写在便利贴上，贴在手机屏幕上即可。例如，如果你决定早上、中午、下午、下班后各看一次手机，就在便利贴上写"9点/12点/

15点/18点"。每次使用手机时，也记好实际使用时间。除了计划好的时间外，绝对不打开手机。这在平时看来有些过头，却是备考或赶截止期限时的一大利器。

最近市面上还在销售一种用亚克力材料制成的手机保管盒，可以把手机放进去之后上锁，锁头具有计时功能，只有在设定好的时间到了之后才能打开。这种匪夷所思的商品都出现了，可见大家的手机上瘾症有多严重，需要重视起来才行。

## 上网做功课？你可能只是在浪费生命

另一种典型的浪费时间的方式就是漫无目的地网上冲浪。

乍一看，沉迷手机和网上冲浪很相似，但其中有个很大的差异，那就是很多人会误以为前者是在浪费时间，后者则是为了学习和为工作做准备。

举例来说，开始做运动前，你可能会不断上网浏览好穿的运动服，或者搜索什么样的运动能够改善斜方肌。如果在这个过程中你还发现了减肥食品，便更是会开始查看各种测评帖，甚至把相关内容全部浏览一遍，宛如遨游在信息的海洋。

这种无止境的搜索行为，不知不觉就能耗去一两个小时。它诱使你不断分心，却很难帮你获得优质而有效的信息。比起在网络上寻找信息，行动起来反而更快。例如，如果你想健身，不如直接去健身房向教练进行咨询，或是问两位有经验的朋友；想换发型时，比起在网上翻几个小时的艺人照片，去理发店请设计师推荐几个适合自己的造型会更快。

以准备为借口浪费掉的时间实在太多了，于是我痛下决心，要定一个截止期限，限制自己纠结的时间。这样就不会再顺着杂乱无章的思绪到处乱搜，而是能有意识地查询真正急用的信息。

**此外也要记住一个重点：做一件事所需的信息远没有你想象的那么多！** 只要有少量的基本信息，就可以开始做任何事情。例如，如果你想成为 YouTube 博主，那么没有必要无限制地搜索"成为网红的方法"，马上拍一段影片上传即可。**无论什么事，开始做了之后所学到的东西，才是真正有帮助的信息。** 即使真的因为功课做得不够而出了错，下次修改过来就可以。因为网上冲浪的时间不够长而导致信息收集不充足，进而造成无法挽回的失误，这样的情况并不多见。

来整理一下下周要读的书单吧!

(2小时后)
哇,这部电视剧要出电影版了吗?

☑ **问问自己**

你有没有以做准备为借口浪费掉的时间?

# 好用的时间管理工具

**Tips**

智能手机在让我们的日常生活变得更为便利的同时，也占用了我们很多时间。一旦把它拿在手里，就会不经意地浪费掉好几个小时。但如果善加利用，手机也能成为好用的时间管理工具，下面就来介绍几款实用的 App。

### · Visual Timer

这是我最常用的一款效率型 App，安卓和 ios 系统都可以使用。它是一款倒计时应用程序，功能很简单，就是将倒计时剩余的时间在表盘上用红色标示出来，比手机中自带的秒表功能更为醒目和直观，有助于我们在规定时间内集中注意力，适合配合番茄工作法使用。这款 App 还可以针对不同种类的工作设定不同长度的专注时间，使用时从清单中选择即可，非常方便。即使是做相同的事情，根据注意力集中程度的不同，花费的时间也有所差别，它还可以产生当天注意力集中程度的反馈数据，帮助我们进行回顾和评估。

· Focus

　　这也是一个通过设定工作和休息时间来帮助集中注意力的工具，有点像 Visual Timer 的升级版。它能够在直观展示一天中注意力集中水平的基础上，总结当日和当周的专注程度，方便横向比较，激发动力。但如果你已经在使用每日计划表，那么 Visual Timer 就已经够用了。

· Toggle

　　这是一款可以确认一天的时间花在哪里，花了多久的 App。界面简洁明了，每次开始做某件事时输入工作内容，按下开始键，等到工作结束后再按下结束键即可。它会帮你记下从几点到几点做了什么事，也会自动进行统计。如果你是整天坐在书桌前的白领或学生，当然可以随身携带日程本并随时记录，但对于外勤多或者不定点工作的人来说，Toggle 就是一款非常实用的工具。

· WorkFlowy

　　这款是一款出名的笔记类 App，使用方法有很多种，界面却非常简洁。比起时间管理 App，它更像是用来整理思路的工具，可以帮助我们制作任务清单或拟定行动步骤。我在编写书籍目录、讲课目录以及策划 YouTube 视频时会经常使用。它的优点是电脑、智能手机、平板电脑等所有电子设备都能共用一个账号，方便同步信息。此外，由于这是在世界范围内广泛使用的 App，所以在网上能查到很多好用的使用攻略，大家可以根据需求充分探索适合自己的方法。

· Forest

这是一款为了减少手机使用时长而研发的 App。你可以在其中设好不使用手机的时间，这段时间里，程序中会长出一棵树。如果你中途没有忍住使用手机，树木就会枯死；如果树木顺利生长，你就会得到硬币作为奖励，这个硬币在之后也可以用来购买新的树木。这款带有游戏性质的 App 既具有一定的强制性，又让我们带着轻松的心情减少了时间的浪费。当你有重要的事情要做，想避免手机干扰的时候，不如试着设定目标时间，集中精神一起种树吧！

· myHabit

这是一款日程计划型 App，可以把日常生活中想做的事情在其中一一列出，像清单一样使用。以安卓系统为例，这款 App 会在你的手机桌面上生成一个插件，只要解锁屏幕，就能在桌面上看到自己每天需要做的事，非常有助于习惯养成。

# PART 05

## 晚间计划第三步：打造固定日程

## 让身体开启
## 自动驾驶模式

我们想要努力坚持的事,
本身通常都不那么令人愉快,
所以更要调试心态,放松地执行。

试试把自己想象成小孩子吧,
哪怕只有细微的改变,
也要多夸夸自己"你真棒",让自己感觉好一点。
不催促,而是慢慢地、持续地进行,
直到所做之事被身体习惯,
成为固定日程的一部分。

没有人能回到过去,从头来过,
但你我都可以从此刻开始,创造新的结局。


　　　　—— 卡尔·巴特(Karl Barth)

## 把一直想做的事变成固定日程吧

### 意志力并非关键

小时候觉得每天在规定时间重复做同一件事是非常枯燥的,现在我却认为这才是稳定而舒适的生活。正如前文所说,管理日程、进行晚间计划的目的并非逼迫自己,而是为了能够更加从容地利用时间。

**每天在同一时间做同样或同类型的事才能养成习惯,产生节奏感,所以我会把想要养成习惯的事都纳入每天必做的固定日程。**

例如睡觉前读书30分钟、早起做瑜伽30分钟等,这些看起来只是有空才能去做的事情,一旦成为固定日程,即使没有很强的意志力,也能长久实践。

## 制定晚间计划的3个步骤

以下3个步骤,能够帮助你制定一个容易践行的晚间计划:

**第一步:把计划具体到每件小事;**
**第二步:每天在相同的时间重复执行;**
**第三步:坚守设定的时间。**

即便某段时间你很累,在养成习惯之前,也请务必坚持下去,只有这样才能形成新的固定日程。

想做到这件事很难,毕竟中途难免出现各种导致计划泡汤的变数。据我观察,比如坚持运动这件事,很多人都会在半个月到一个月之间放弃。刚开始时大家都会坚持正向思考,但是时间久了难免松懈,所以一味地为自己加油打气、靠意志力坚持是有勇无谋的做法。起步的第一阶段是最重要的。一定要尽量把事情的难度和负荷降低,形成最小单位的固定日程,之后再一个一个增加,这样未来才能建立可执行的更大的目标。

记得时刻提醒自己,我们都很容易做思想的巨人,行动的矮子。所以即使已经是离开学校的成年人,在制定日程时,也最好把自己当成小学生。只有当我们把事情化繁为简，变得像呼吸和吃饭一样自然的时候，才能够好好坚持。

## 从小而简单的事情开始

这样说并不是在低估我们的能力，但千里之行始于足下，再怎么伟大而困难的目标，归根结底都要从小事开始。只有做好每一件小事，才能成就大事。如果你心中的理想是一堵高墙，那么每天把例行的小事做好，就像是在一点点架梯子。很多人每天只是盯着高墙看，却从没有想过架梯子，还挫败地说："别人都做得很好，为什么只有我连这个都跳不过？"殊不知能做好大事的人并非天赋异禀的撑竿跳高选手，而是每天默默把梯子搭得很结实的人。

现在就让我们来了解一下如何让固定日程变得更加简单有趣，以及如何坚持执行的方法吧！

吃完晚饭还要听网课，真没意思……

下班路上听课反而更能集中！

☑ **问问自己**

你有没有找到最适合自己的执行方法？

## 不要在过度热情的时候冲动地开始

### 小心因噎废食

有时候我们会心血来潮,突然想要开始认真生活。这时我们往往会积极寻找各种能够增加动力的事去做,比如听励志演讲,读自我提升书籍,告诉自己今天一定要和昨天有所不同,我一定要成为崭新的自己等等。但是带着这种过度的热情开始某事时,往往会步入歧途。

就像饿了很久,眼前突然出现一堆美食,很容易狼吞虎咽吃到噎住一样,突然开始一件没做过且不擅长的事情,也很容易搞砸。斗志满满时制定的目标,放到状态不好的时候看,只会感到遥不可及,很容易马上放弃。更严重的是,这种过度热情后又过度失落的情况反复发生,就会产生"算了,我就这样了"的思维定式,想法越来越负面。这就是我在前面强调要从小事做起的原因,那些看起来微不足道的琐碎之事不断积累,就会让你产生成就感,强化"我是有能力的人"的正面暗示，让成功本身也变成一种习惯。

**解决小事也能为我们带来掌控感，当小事一个接一个地被解决时，我们就会有照这个趋势做成大事的底气。**这种时候，我们的潜意识里已经有了"其实没那么困难，我都可以做好"的正面想法。不论是在校园里还是在职场上，我们身边都不乏那种做什么都能成功的人，难道这些人都是天生优秀或者运气好吗？更大的可能是，他们在你看不到的地方，从生活的小事中积累了成就感和自信心，从而也有了顺势在各个领域成就大事的力量。

### 把事情的难度降到最低

把计划具体到每件小事，就是要在开始做计划的时候就把事情的难度尽可能地降到最低。举个具体的例子，比如你决心学好英语写作，那么请不要从一开始就定下"每天听1个小时英语课"的计划，而是从"每天背3个英语句子"开始。利用晚间时间学好英语是我们的中长期规划，但起始目标可以定小一点，这样才容易获得激励自己坚持下去的满足感和成就感。

这类事情看起来可能没什么大不了的，即使完成了也不是特别厉害。但也正是因为事情小到让人觉得不需要任何条件就能马上开始,所以无论多么忙碌、多么疲倦,都能打败想要找借口的欲望,继续坚持下去。完成小事的时候,我们也应该更有意识地鼓励自己:"哇,我做到了!真厉害!"这并不是夸张,也不是矫情,因为这的确是一件很厉害的事——不论是多小的事,把它变成一种新的习惯都是挑战,毕竟很多人连一小步都不敢迈出去,永远过着和昨天一样的生活。所以,只要我们的生活相比于昨天有了一点点不同,都是值得庆贺的,这也会让我们获得在明天更进一步的动力。

另外,等到这样的小事变得像呼吸一样自然,形成习惯之后,便可以尝试扩展它的难度。届时你会惊喜地发现,自己已经能够游刃有余地做成此前想都不敢想的事。

## 专注发展自己,而不是盲目和他人竞争

我虽然个性散漫,但在做事的时候却意外地有好胜心,从小就喜欢逼自己比别人做得更快更好,宛如一头松开绳子就会扑向目标的斗犬,攻击性很强。这是因为我会习惯性地把所有事情都看成是竞争,所以刚一开始就想快速达到高水平。甚至就连冥想这种需要放松的事,我也忍不住催促自己尽快学会。冥想原本是为了清除被欲念覆盖的妄

想，却很讽刺地被我染上了功利的色彩。虽然后来我领悟到自己不该这么急躁，但认识到这一点时，已经是很久之后了。**当下一心只想表现好、做得快的欲望，蒙蔽了我的双眼**。

后来，当我知道有些事情需要燃烧能量去做，有些事情则需要慢慢享受、稳稳坚持时，才发觉有很多事情我会中途选择放弃，是因为刚开始的时候就在冲刺，而这几乎耗去了我的所有精力。刚开始安排晚间日程时我也非常急躁，如果现在再让我在"困难却见效快"和"简单却容易坚持"的计划中选择，我一定会选择后者。

有人说人生不是短跑，而是马拉松。但我认为人生更像是一场不会设置终点的散步，走到中间感觉累了，坐下歇一会儿也无妨，发现漂亮的花朵，驻足欣赏一番，也不失为乐事。

带着这样的心境一步一步往前走，别给自己太大压力，就没有不能坚持下去的事情。

## 抛开"我应该……"的想法

越是真正想做的事情，就越要抛开"我应该"的想法。放松是第一要务，带着"自然而然"的心情，做起事来会更容易。人的天性就是如此，当我们太过看重一件事情，压力过大，身体就会产生抗拒。越是被强迫去做的事情，就越是会产生逆反心，怎么都不想做，即使勉强开始了，失败的概率也很高。

我们往往会认为每天在同一时间重复做同样事情的人，一定是充满热诚且善于自我管理的人。但出乎意料的是，他们其实并没有花太多力气就做到了这件事。即使偶尔打破一次固定日程，他们也不会自责地说"啊，我果然不行，我的意志力太弱了"。

**如果赋予了某件事情太大的意义，那么无论是开始、行动还是失败，都会产生过多情绪，而情绪本身就会耗去很大能量，让我们患得患失、心力交瘁。**

即使是非常想要完成的事情，我们也可以放松去做。我们之所以认为某件事很重要，往往不是因为那件事情本身的意义多么重大，而是出于我们习惯性看重某事的思维定式。所以放松一点、愉快一点，集中精力做现在能做的事情吧，卸下担子反而能走得更远。

1公里也太轻松了，不如明天跑个3公里！

3公里怎么会这么长，我昨天到底怎么想的？

✅ **问问自己**

那些一时兴起定下的目标，后来坚持下去了吗？

## 像大人一样思考，
## 像孩子一样行动

**不论如何都要有趣！**

我们想要把它变成固定日程的事情，在开始时大都不会那么愉快。如果你真的感觉做某件事很开心，那么根本无须刻意提醒自己，就已经在行动了。时间管理并不是要逼自己自律——明明不开心却还要强迫自己，只会愈发疲惫，行动力降低，最后责备自己是世界上意志力最薄弱的人。

前面我把自己比喻成小孩子，说要从最简单的小事做起，那么现在不如再降一个等级，把自己当成小狗吧！训练小狗的时候，需要给它零食作为奖励。当小狗按照指令做出坐下、站起、等候、伸爪等动作时，主人就会给它零食，久而久之，就能促使它自发完成这些动作。作为人类的我们，其实也需要这样的奖励。比如，如果自己遵守了一个月的固定日程，那就痛痛快快地一口气追完因为太忙而迟迟没看的电视剧，或者吃一顿精致大餐吧！

**这样在开始时就定下奖励固然好，但更好的做法是让事情本身变得有趣一点。**虽然操作起来并不容易，但与其强迫自己重复做没意思的事情，不如动动脑筋，努力想想怎么才能让事情变得有趣。一个很好用的方法就是创造能够让自己得到享受的环境。

分享一个居家锻炼的朋友的例子。这位朋友觉得在家健身太枯燥，于是买了个可以旋转发光的球状音箱装在房间里，每次训练时都会打开灯光，大声播放音乐。但是时间久了，他又开始感到无聊，于是就改变运动项目，玩起了任天堂上的舞蹈游戏，每次都大汗淋漓，且因为很有趣，也不会觉得很难熬。

同样地，如果读书久了，感到厌倦，不如试试播放一点自己喜欢的背景音乐，开个香薰灯也可以。何必非要强忍住厌倦感，逼自己去做呢？试试从有趣的角度入手，坚持摸索，就会看到新的出路。

## 成果必须显而易见

让成果被看见，也是一种非常重要的动力。我们列入长期计划的事情，短期内大都看不到明显的成果。今天忍住不吃巧克力，明天也不会突然变瘦；今天多看几页书，明天也不会马上成为该领域的顶尖专家。然而，我们为了眼前看不见的成果，必须延迟满足，这种感觉就像被迫接受诱惑实验的人一样，每天只能在忍耐中度过，实在不太好受。

**让成果变得显而易见，才能体会到行动的乐趣。**

我在制定新行程时，会使用一种叫作"Habit Tracker"的习惯追踪记事本，网络上也有类似 App 可以下载。Habit Tracker 是一种把每个月分成31格的表格，你可以设定"每天阅读至少100页的书"或者"每天做100个深蹲"这样的目标，执行完毕后在相应的日期上涂上颜色。填写这种表格时，为了不想留下空白，我会更加积极地行动。看到涂上颜色的格子不断增加，就会感到非常满足，从而产生更大的动力。

这种习惯追踪记录法特别适合学习新事物的人使用，你可以用各种方式记录下自己学习的过程。例如，学习游泳时，你可以把第一次练习自由泳的姿势拍成视频。如果是学习英语口语，就把第一次练习的过程拍摄下来，或录成音频。学习乐器也是如此。过一段时间，比如一个月或两个月后再拍一次视频，与刚开始时比起来，就能看到切实的提高。如果你感受到了不知不觉中增加的实力，那么后面在做这件事的时候也会更加愉快，仿佛有加倍的能量，目标也会更容易实现。

另一种情况是，不管你怎么努力，每天依然无法规律地坚持做某事，那你不妨重新考虑看看：自己为什么一定要把这件事变成习惯，它真的非做不可吗？如果你只是因为羡慕别人做到了，害怕落后，所以自己也要做到的话，大可以不必如此勉强。

必须在每天同一时间重复自己不想做的事情，无异于一种酷刑。**但如果对于自己发自内心想做且必须要做的事，就努力让它变得有趣，或拆小单位、降低难度吧！如果这两种方法都行不通，不如就此放手——能做到毫不留恋地放弃，也是一种可贵的能力。**

### 习惯追踪 （范例）

| 目标 | 每天做100个深蹲 | | | | | |
|---|---|---|---|---|---|---|
| ①  | ②  | ③  | ④  | ⑤  | 6 | 7 |
| 8 | 9 | 10 | 11 | 12 | 13 | 14 |
| 15 | 16 | 17 | 18 | 19 | 20 | 21 |
| 22 | 23 | 24 | 25 | 26 | 27 | 28 |
| 29 | 30 | 31 | | | | |

啊，好累，好无聊，已经想放弃了……

那就改成一边跳舞一边运动吧！

✅ **问问自己**

到目前为止坚持下来的，是不是都是你觉得有趣的事情呢？

# 像重装系统一样
# 重塑自我形象

## 改变自我认知

人们往往会在无意识中给他人贴标签："那个人好小气""这种老好人一定会吃亏""他/她是做什么事情都很积极的类型"……人们对身边的人往往都会有一些刻板印象，对自己也是如此。我擅长什么，不擅长什么，讨厌什么，对什么没有自信等等。很多时候，正是这些自我认知决定了我们的行动，且通常是限制了我们的行动。

例如，自认为没有运动天赋的人往往不会做运动，但其实只要尝试看看，总能发现一个比较合适自己的项目。如果连尝试都不开始，就只能一直认为自己是没有运动天赋的。

当一个人对自己的认知太过负面，周围的人也会被当事人影响，进而加固这种负面印象。例如，如果你因为有过在聚会上被人忽略的经历，就断定自己无法融入新团体,那么即使之后有机会认识新的人,也会产生心理阴影,想要逃避。渐渐地,你身边的朋友也会觉得这样的场合会让你觉得不自在,不再邀请你参加类似的聚会。随着与陌生人见面的机会越来越少,你也会更确信自己就是一个怕生的人。

这种固有认知不仅会让人自我限制,也很容易使人陷入自我否定的恶性循环。因此有人提议,可以使用一些方法尝试让这种循环朝着积极的方向发展,比如不断告诉自己"我很勤奋""我很擅长运动""我很细心"等等。这些人认为只要反复进行积极的自我暗示,大脑结构就会发生变化。但我不认为数十年来形成的思维定式会因为几个月甚至几年的简单自我暗示而发生改变,如果可以的话,每个人都能轻轻松松地脱胎换骨了——现实世界怎么可能会有这种好事!

## 我是很厉害的人!

如果想以正面形象重新定义自己,最有效的方法就是在付出努力、取得小事上的成功之时,用适当夸张的方式来夸奖和激励自己。例如从不尝试运动的人,不管再怎么窝在房间里暗示自己"其实我很擅长运动,只是不去做而已",潜意识也不会相信。真正的有用的做法是降低门槛,每天做一点最基础的运动,比如在家门口跳绳100次。这样并不会出很多汗,但只要冒出一点点汗珠,也要痛快地洗个澡,尽情享受清爽的心情,想象自己刚刚跑完马拉松,喝掉一大杯水,爽朗地告诉自己:"哇,原来我也很擅长运动!"像这样把自我暗示和行动结合起来才会有效果,即使是再小的行动也没关系。

小朋友得到夸奖就会很开心,然后更加干劲十足地去做事。虽然我前面已经说过很多次了,但这里还是想再强调一下:想在日常生活中制定新的固定日程,就要像对待小孩子一样对待自己。要让自己看到哪怕只是不起眼的成就,然后请尽情地自我赞美,浮夸一点,告诉自己"你真棒""你不是个懒惰的人""你其实很厉害",一步一步改变脑海中的固有印象。

**重新塑造过的形象就像重新安装过的计算机系统一样,当你的自我认知变得正面,无论未来要面对怎样的选择,都会反射性地做出符合自己新面貌的、更加积极的决定。**

## 想象帅气的自己

想要重塑形象,不妨想象一下自己帅气做事时的样子。2008年SBS（首尔广播公司）播出过一部叫作《神的天秤》的电视剧。这部律政题材的电视剧开头就是学生们在司法研修院学习的场面，男主也是在此时登场的。他在图书馆熬夜学习，中途太困，决定趴下小憩，担心睡得太久，便把手机闹铃设成了振动模式，还用橡皮筋把手机绑在手腕上，以防自己不能及时醒来。这个场面给我留下了深刻的印象，在我看来，男主为了成为好法官而拼命学习的样子实在是太帅了。

从那时起，每当我不想学习的时候，脑海中就会浮现出男主的样子，然后我就开始把自己想象成他，想象自己学习的样子也是又帅又认真的……很神奇地，这样想过之后，我竟然真的没有那么累了。原来使用这样简单的方法，也能重燃斗志！

每当我要录制上传到YouTube频道上的视频时，都会精心挑选笔记本，字也写得非常工整，非常费心地拍下自己用功学习的样子。没错，我也许是把视频中的自己包装得比现实生活中的更美好，但那并不是虚假的。并且我坚信，只有让观看的人觉得赏心悦目，才能激发出他们的动力。

这么做看上去有点幼稚，**可人的天性原本就很单纯，如果能够体验到"我学习的样子很迷人"的心情，原本辛苦的学习也会变得很愉快。**并且，把劳心劳力的事情变得轻松，才能坚持得更长久。要记得，辛苦地做着困难工作的人是普通人，能够举重若轻，轻松快乐地做辛苦工作的人才是真正的高手。

过去一听到闹钟响起就胆战心惊……

如今我也是能够以早起为乐的俊男美女！

✅ **问问自己**

你有多久没有更新过自我认知了？

# 并肩前行
# 能走得更远

## 给自己寻找一个同行的伙伴

一个人努力久了,难免会在某一刻突然失去信心和动力,陷入情绪低谷,怀疑自己是不是在白费力气。这种时候,如果有同行的人一起,就会更加轻松。不仅可以互相监督,也能增加坚持下去、继续向前的动力。

事实上,不论什么事情,一起做的人越多,人们就会对自己的行动更笃定。毕竟这个世界上有很多人喜欢给人泼冷水,日常把"每天做这种事能有什么好呢"挂在嘴边。这种时候,如果你身边有一些有信念也有行动力的人,你就能获得支持性的力量。而且,如果加入自我提升类社群,自然就能讨论有建设意义的话题。在这种正面环境中表达自己,本身就是改变的契机,也能帮你避开旧有恶习,远离混乱的过去。

在我创建的习惯养成类团体中,"每天写每日计划表小组"的人气最高,每个月报名的人都会马上满额。但即使是对这件事感兴趣的同好,第一次使用每日计划表时也会感到困惑,怀疑一定要做到这种程度才行吗,也无法确信自己的做法是不是真的有用。这种时候,如果有前辈或组长分享个人心得,就会帮助新成员打消不少疑虑。看见别人长期写记录之后发生的变化,他们或多或少都能从中获得一些信心。

## 活用社群的方法

然而,参加线上社群活动时,也有需要注意的地方。由于社群中都是一些理念相近的人,很容易产生高度同质化的观点,人们甚至可能把错误的观点当成真理,自己却浑然不觉。常见情况是当大家在讨论某个话题时,总会有几个强势的人首先站出来发表意见,带动舆论,即使他们的观点并不对,人们也很容易出于从众心理盲目听信。这个时候,如果没有更理智的声音出现,社群中只是不断重复既定的观点,那么这群人就都会成为偏执的井底之蛙。所以,务必提醒自己保持清醒,努力不被各种舆论风向淹没。

此外,即使是针对同一主题举办的聚会,中间也会有很多不同的声音。就拿我所在的素食组织为例，组织里有很多种素食主义者，有的人是不吃猪肉、牛肉等肉类，但会吃海鲜的"鱼素主义者"；也有人是连牛奶、鸡蛋、蜂蜜等动物身上的副产品都不碰的"全素主义者"；更有一些人严格到不穿皮夹克和羽绒服。虽然具体行事方式有所不同，但大家的目的都是为了保护动物和环境。群里的全素主义者并不会指责鱼素主义者吃海鲜，鱼素主义者也不会特意把自己吃大闸蟹的照片分享出来。

**与其强硬坚持自己的主张，以此为唯一正确的标准，不如从更宏观的层面，在大体价值观相同的基础上，彼此接纳、互相尊重。** 这是所有网络社群都需要有的心态，彼此之间多一点理解和包容，就能避免为没必要的小分歧而争执不休。

奢求每个人都能体谅自己其实是不切实际的，你认为理所当然的事，在别人看来可能并非如此。因此，组织者事先制定避免纷争的规则也是很好的组织方法。

## 一个人或两个人都无妨

创建网络社群听起来是一件工程量很大的事，但其实不必想得这么复杂。如果你喜欢一个人独立做事，那很好，如果自己开始很难，那就找个朋友一起做吧。比如运动，即使只有一个一起去健身房的朋友，也会比你自己锻炼更容易坚持。当我写作遇到瓶颈，难以继续的时候，也会把读研究生的朋友叫出来，在咖啡厅一起工作。我写文章，朋友写论文，虽然大家只是在同一个空间里做不同的事情，但注意力的确更加集中了，我们也会分享各自的难处，在讨论中还能收获不少好点子。一个人暗暗下决心，反悔是很容易的，但如果约好和朋友见面，就会不好意思无故爽约，只得行动起来——这也是提高行动力的一个小妙招。

**虽然结伴做事有不少优点，但也有许多人更喜欢独立工作。如果是这样，那也没必要逼迫自己加入社群或者找到同伴。重点在于能否找到行动的诱因。**

自己一个人做这种东西真的好烦。

约好啦，没有按时完成的人就要请对方喝一杯奶茶！

☑ 问问自己

一个人觉得太辛苦？找一个能够互相打气的伙伴吧！

## Tips: 让你活力充沛一整天的晨间日程

　　每天早上听到闹钟,强迫自己在困倦中睁开双眼,叹一口气,匆忙准备上班,此外无暇他顾。一日之计在于晨,早晨往往会为我们这一天定下基调,那么,如何才能改变疲惫的早晨呢?

　　睡前要保持良好的心情,早上也是。很多人习惯醒来就刷手机看新闻,但我尽可能不这样做,因为很难不看到令人生气、悲伤或担心的消息,更别提网上还充斥着戾气满满的恶意留言。我不希望以负面情绪开始一天,所以会刻意避开。

　　此外,做一些能够积累成就感的小事也是不错的选择。我的晨间计划会根据不同情况发生变化,但最近维持了一年多的日程是起床后运动、写每日计划表以及阅读10分钟——这些都不是什么重要的事情,做起来没有太大负担,非常适合作为一天的预热。

- **运动**

　　早上是我精力充沛的时间段，比起晚上更适合运动，更重要的是，一想到下班后还要拖着疲惫的身躯做运动我就生无可恋，因此选择把运动安排在起床之后。此外，空腹状态下运动也更容易变瘦。但是在一整晚的睡眠之后，身体会变得僵硬，所以如果你也想晨练，一定要记得充分拉伸，做好准备活动。

- **写下今日决心，查看任务清单**

　　运动结束后，我会一边吃早餐一边打开每日计划表，写下今日决心，并查看前一天晚上写的任务清单。

　　你可能会有些疑惑，任务清单和今日决心有什么不同吗？前文中其实已经说过，任务清单是按照重要程度排出的今天要做的事情，今日决心则是对自己新一天的期待和要求。比如，我会写下"今天要努力倾听""不被莫名出现的情绪操控"等目标，然后看着昨晚写好的任务清单，想一下今天要做的事情。

- **阅读10分钟，获得短暂而深刻的满足感**

　　早上的时间有一个特点，也是优点，那就是不用担心任何人来打扰。下班后的晚上可能会有约会或其他突发情况，但是早上的空闲时间是相对固定的，完全可以按照自己的意愿支配，是不会被打扰的宝贵时光，所以更要善加利用。我喜欢在早上读一会儿书，虽然时间只有短暂的10分钟，无法阅读大量内容，但是能在一天开始时做自己喜欢的事情本身，就非常能让人感到幸福。晨间运动让我觉得体力充沛，阅读则会带来平和的精神上的愉悦，这两件事都能为我做好迎接美好一天的准备。

### ・早餐

我每天一定会吃早餐。根据我的经验，吃过早餐和没吃过早餐，上午的工作状态会有很大差异。特别是如果你一上班就感到筋疲力尽，坐在座位上无法集中精神的话，那么比起喝咖啡，吃早餐要更有用。很多人因为担心消化不良而选择不吃早餐，那么其实可以尝试一下红薯、粥等不会对肠胃造成负担的食物。光是好好吃早餐这个动作，就有可能提振你一天的精神，助力高效工作。

# PART 06

## 坚持不下去时怎么办：6 种危机应对法

## 什么都不想做的时候，
## 就只做一点点吧

谁都会遇到低潮期，
是选择渡过它，迎接下一个高潮，
抑或是陷入其中，放弃一切，
取决于每个人自己的选择。

不一定非得要求完美，
能够以最低限度坚持前行，
反而能走到更开阔的世界。

今天做不到的事，明天就能做到吗？
让你成为更优秀的人的时候，正是现在。


—— 托马斯·坎皮斯（Thomas Kempis）

# 当从天而降的约会打乱计划

## 一味追求完美反而可能错失一切

如果你问我坚持计划的秘诀是什么,那么我会说,最重要的一件事就是不要求自己做到完美。在决心坚持做点什么却半途而废的情况中,有一大半都是因为自我要求过高。我们不是神,不可能凡事都做到尽善尽美,也许偶尔会有那么几次做得特别好,但不可能永远维持同样的水准。**这种时候就出现了两种选择:如果不完美就干脆不做,或是放过自己,可以稍微放低一点标准,坚持下去——我的选择当然是后者。**

每个人可能都有过这种心路:今天实在没力气了,明天开始我一定好好干!虽然我并不是传统意义上的非常自律的人,但对于这种情况,还是要建议:不管今天有多累,都要坚持执行计划,并不一定要做得特别完美,哪怕只做了一点点也可以,"要么就是全部,要么就是没有"( all or nothing）的极端心态，其实很危险。

## 推迟到明天，还是多少做一点？

我们常常会遇到计划之外的情况：或许是很久没见的朋友突然发来邀约；或许是这天有事，到家已经很晚；或许是公司有突发事件，需要马上解决；又或许只是白天耗能太多，下班后只想立即躺下。遇到这样的时候该怎么办，是直接把计划推迟到明天，还是今天多少做一点点？

遇到很没干劲的日子，我会想：如果今天休息的话，明天只会加倍不想做。人都有惰性，当下拿来用作拖延的借口，明天也不会改变，抗拒心态还可能加重。所以，即使发生了意料之外的事，或是身体不大舒服，我也会竭尽全力，多少做一点点，哪怕只是沾到边，也要把进度延续下去。

我也常常觉得又累又烦，也会偷偷懒：比如游泳课迟到，训练期间还要扶墙休息；对每日计划表感到厌倦的时候，就敷衍地写几句了事；实在看不进书的时候，读一两页就合上了。**但是即使完成度不怎么样，我都每天按部就班地做了——而这就是坚持的秘诀。**

## 别急着放弃，修正目标试试看

如果你给自己定了"每天跑步7公里"的目标，但总是没办法达成，因此想要放弃的话，不妨把目标改为"不论长度，每天跑过就好"。目标是每天持续，长期坚持，但并不具体定量。根据当天的情况，如果状态好，也想多跑一点，那就跑长一点。久而久之，身体适应了节奏，每天都可能比昨天跑多一些，跑快一些。遇到不想跑的时候，也不要给自己太大压力，跑个5分钟就好。反正目标是每天跑步，所以无论是5分钟还是1个小时都算实现了目标。像这样有弹性地坚持下去，说不定一年之后，"每天跑7公里"的目标也能轻松实现。

**降低标准并非敷衍，而是一种帮我们坚持下去、走得更远的策略。**

> 今天真的提不起劲……

> 还是看看书再睡吧,哪怕只读一页。

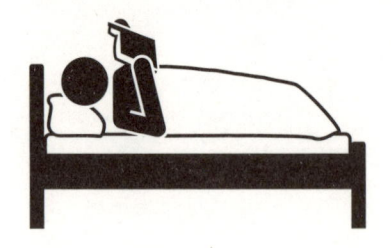

☑ **问问自己**

有没有过盲目追求完美?不如放轻松看看,每天坚持一点点。

# 当低落感和无力感突然袭来

## 像对待老朋友一样迎接低谷期

当你突然觉得什么都不想做的时候，那可能就是遭遇了低谷期。谁都会有这两种情况：状态好的时候，就算工作再多，也能享受这种充实而忙碌的生活；而到了低谷期，哪怕只是一点点事情都会成为负担，很容易就自暴自弃起来。当你处于后面这种状态时，大脑通常会非常混乱，也会提醒自己"别想太多了，好好休息一下"——而这正是最容易中途放弃，打破固定日程的时候。那么，我们到底要如何克服低谷期呢？

**首先要知道，任何人在某些情况下都可能感到软弱无力，这没什么大不了，不必因为负面情绪而自我责怪。**我会把低谷期看作是会定期来访的事件，每逢此时，就像遇到老朋友一样，心里想着："啊，又是你，你又来了。"这样干脆地承认并包容它的存在，反而会轻松点。俗话说"怕什么，来什么"，遇到低谷期的时候必须警惕，不要让自己陷入"为什么又这样？为什么只有我会这样？其他人明明都很顺利也很积极啊"这样的负面情绪怪圈，更不必夸大这种情况的严重性。

## 克服低落感和无力感的秘诀

这里有3种亲测有效的方法，或许可以帮你克服周期性的低落和无力。

### 1. 不是低谷期，而是离峰期

我自己会把低谷期称为"离峰期"。可别小瞧语言给人的暗示效果，有时候小小地改变一下说法，就能扭转心境。"无力"和"低谷"都是消极的词汇，很容易给我们带来一种无法摆脱的感觉。但是"离峰期"不一样，有离峰期，就代表着也会有尖峰期。使用这样的词汇时，等于在潜移默化地告诉自己：**虽然现在热情有些退却，但是不用紧张，这只是短暂的情况，充满热情的日子马上就会来临。**同样地，面对周围那些质疑"你怎么没有当初那么积极和热情了"的人，也大可不必心虚，更无须自责，直接回答"我最近刚好不在尖峰期"即可。每个人都会有低落的时候，但选择渡过难关，迎来下一个尖峰期，还是干脆放纵自己陷入低谷，放弃一切，都取决于你自己。

## 2. 减少工作量

**离峰期到来时，最直接的办法就是主动减少工作量。有的人习惯正面对决，拼命想要以更加认真的姿态克服低潮，但如果只是凭意志或者所谓的初心就能顺利跨越的话，那也称不上是低潮了。**

要灵活地、有节奏地驾驭低潮。当大浪袭来的时候，最好的应对方式不是奋力对抗，而是卸掉力气，随波逐流一段。为什么状态好的时候能多做一点，状态不好的时候就不能少做一点呢？保持弹性是长久坚持的要诀。如果你有每天读书的计划，碰到离峰期的时候，大可以只坐在桌前翻开书本，哪怕是只读完单元标题就盖上都行。今天不做，明天就会更不想做，低潮也会持续更久。所以要记得，可以少做，但不能不做。

## 3. 不必焦虑，好好休息

当低潮来临，决定减少工作量适当休息的时候，不必觉得于心有愧，放宽心，好好休息就行了。我天生比较容易焦虑，什么都不做的时候常感到不安，所以在这方面也做得不够好。但我知道**战略上的休息是必需的，我也会时**

常提醒自己这么做，毕竟如前文所说，有充电效果的休息是一件好事，并非虚度光阴。

## 当你产生想要放弃一切的厌倦感时

人们产生厌倦感的原因主要有两个：一个是为了实现目标，必须牺牲现在的快乐；另一个是即使付出了努力，其实也无法保证能达成想要的结果。冷静下来想想，努力本来就不一定会和结果成正比。我比别人更努力，但别人就是能比我更快地实现目标；我明明比别人更用功，但别人就是考得比我好。"不论用什么手段，这件事情必须做成！失败的话就完蛋了！"如果带着这样的执念去追求目标，人生只能变得痛苦不堪。

有时候我们的确需要赌上一切，为目标全力以赴，比如参加高考或者重要的资格考试，但是我们不能以这种态度去面对生活中所有的目标。过分地以现在的幸福为代价实现了目标，往往也只能在实现目标的那一刻感到短暂的满足，在走到终点线之前，都要一直遭受周期性的自我怀疑和内心煎熬，这是得不偿失的。

## 目标不过是个方向标

**我们制定目标是为了提醒自己朝着正确的方向行动，而不是为了用自我折磨的方式度过当下的生活。**我们可以看到有不少人会因为追求目标而把自己搞得痛苦不堪，但这并非理想状态，最好是既能把愿望转化成具体可行的目标，又能享受追求目标的过程。

因为得到自己想要的东西而感受到的快乐，或者因为实现可以量化的目标而体验到的满足，往往比你想象中消失得更快。现代人对于通过努力把想要的东西搞到手这件事已经到了上瘾的程度。这并不是比喻，就是字面上的意思——上瘾。我们都知道上瘾并不是什么好事，所以不如转变想法，专注于成长过程本身，感受真正的内心的满足，而不只是可以量化的目标。今天的我成功完成了昨天没能做到的事情，更加充实了，这种体验就是内心的快乐。

**多去感受一下"今天我也坚持行动了"所带来的满足感吧！这种快乐来自行动本身，而不是最终结果。专注于当下的行动，就能给我们带来即时的满足感，打消很多无谓的痛苦。**

迷茫的时候，不妨也想想看，做什么事情的时候会感受到内心上的满足，而不只是感官上的快乐？

我什么都做不好，我就是个废物！

啊，遇到离峰期了，不如只做一半吧！
尖峰期总会回来的。

☑ **问问自己**

能否调整心态，把离峰期看作定期造访的老朋友？

## 当你再怎么努力也无法感到满意

### 人们为什么要自我折磨？

我在 YouTube 频道中上传了一些自我提升的内容后，很多人都希望我能帮他们解答困惑。几次直播时大家的回应也很热烈，很多人都分享了自己的苦恼。有一位网友说想要做到100分的事情，每次却只达到60分，因此非常自我厌恶，但即使每天都在自我折磨，结果好像也没什么改变，只是在不断恶性循环罢了。

事实上，像这位网友一样因为没能达到自我标准而感到压力很大的人绝非少数。分析下来，导致这种情况的原因有两种：第一种是只有决心，却不行动；第二种是虽然已经努力去做了，但总觉得做得不够，对自己也很不满意。下面就依次展开说说。

## 光想不做

脑子里想着每天都要坚持运动,下班后也想尽情做些感兴趣的事情,但真到了晚上,却什么都不想做,只想瘫倒不动。**对于这种无法行动,又因为没能行动而自怨自艾的人,解决方法只有一个:马上去做!**

兽医学教科书中最常出现的字眼就是"校正原发性因素"和"对症处理"。比如说如果癌细胞入侵腹部引起腹痛,那么使用止痛剂减轻疼痛就是对症处理,但这只能缓解暂时的症状,无法根治。如果通过手术或化疗消除癌细胞,则是校正原发因素。同样地,如果总是因为缺乏行动力而感到痛苦,那么所有自我安慰或者转移注意力都不过是对症处理而已。想从根本上消除痛苦,就该像清除癌细胞一样从根本上解决问题,也就是行动起来,才能真正摆脱不愉快的心情。

好不容易等来周末,早上却总是很想赖床。然而如果浑浑噩噩,一整天什么都没做,那么到了晚上,我一定会对白白浪费掉的一天感到可惜,心情愈发糟糕。正是因为我清楚这种心路,所以会从上午就开始忙碌起来。就像我并没有那么热爱运动,有时候也很懒得动,但我知道做完运动后会很舒服,所以依旧会去做。

不行动的人谁也不能责怪,最终只好责备自己。但是如果长时间这样自我攻击，就很容易出现心理问题。更糟糕的是，为了逃避痛苦，人们还会进行自我合理化这种对症处理，把"反正我就这样了"挂在嘴边，内心深处仍然会对自己感到寒心。

## 行动跟不上野心

第二种情况是虽然有所行动，但是太心急，野心过大。就像一个永远无法自我肯定的完美主义者，看到某方面很厉害的人，总忍不住要和他，尤其是和他的长处进行比较，结果就是不管怎么努力，都觉得自己差得很远。

有时看到"虽然我每天都在写每日计划表，但是没办法写得很仔细，也浪费了很多时间，觉得非常郁闷"这样的苦恼，我就会忍不住反驳说"你不觉得每天都在写日程表这件事本身就已经很厉害了吗？"

过于焦虑的心情和完美主义倾向很容易使人走进死胡同，放弃原本下定决心要做的事情，懂得张弛有度、保持合适的节奏才更容易坚持。我见过很多和我一起开始做某事，但是后来却比我做得更好的人，也见过很多和我一起开始，却在不同阶段放弃了的人。对我来说，坚持不懈地行动才是第一位的，速度本身并没有那么重要。

畅销好书《掌控习惯》(Atomic Habits)中有数据表明，每天进步1%，一年后就可以增长37倍。我们的目标不一定是要比昨天变厉害很多，而是每天保持1%左右的小小成长。状态不好的日子里只要保持这样的保底目标就算赢了。我想做的并不是什么了不起的事，就像摘得世界级比赛的金牌并非所有运动员的目标，人们阅读和学习也不仅是为了通过考试。**别忘了，我们的原点只是想在下班后的时间里，做些对自己有意义的事，或者只是坚持自己的兴趣爱好**。所以请停止折磨自己，开心一点，好好享受宝贵的晚间时光。

## 反省算法：避免过度自责和过度合理化

反省是必要的，我们需要借此察觉自己的不足。但这样做绝不是为了自我责备，而是通过复盘过程，避免下次再犯同样的错误，能朝着更好的方向发展。如果想比昨天进步1%，除了保持行动，还要检视昨天的自己。**不过重点要放在反省之后：你是会坦然地开始自我修正和进一步的行动，还是只会自我折磨，在痛苦中踯躅不前？**

勇敢的人往往会选择反省过后便继续向前行进，而非频频回头，沉溺于失败中。与其把焦点放在过去的遗憾和后悔之处，不断感到郁闷，不如寻找突破之道，修正方向，重新开始行动。这样也可以避免陷入负面思考，有效减少自责。

反省也是有方法的。我将之称为"反省算法"，即通过问自己以下三个问题，把握好尺度，尤其是防止陷入过度自责和过度合理化的误区。

### 1. 为什么没能按照计划执行？

人们往往会单纯地认为没能执行计划就是因为意志力薄弱，却没有考虑过影响意志力的因素究竟是什么。例如身体状况欠佳、天气太冷太热、今天上班的压力太大等等——只有尽可能地把无法完成计划的原因分析清楚，才有可能得到妥善的解决方案。如果是身体不好，那就想办法强身健体；如果在公司承受了太多压力，就想想看如何释放压力。切忌直接陷入"又没做到，算了，我就这样了"的自暴自弃式负面思考。

### 2. 这是只凭我的努力就能解决的事情吗？

分析过没能实现计划的理由后，接下来要做的就是想一想，这个问题是不是自己能解决的。如果是光凭努力没办法改变的事情，最好尽快忘掉。过度归因于自己，对客观上无力挽回的事情纠结或自责的人，出乎意料地多。

### 3. 我是否已经尽了全力？

我在马歇尔·戈德斯密斯（Marshall Goldsmith）的《自律力》（*Triggers*）中学到了很好的反省办法，那就是问自己："我是否已经尽了全力？"定出每天的行动目标之后，设计几个问题自问自答，所有问题都要以"我是否尽全力了"作为结束。书中将这种形式的提问称为"主动提问"。比如，假如你的目标是"每天健康、适量地饮食"，就可以问问自己："我有没有尽全力吃得健康、吃得适量？"以此自省。

但所谓的竭尽全力，并不是要我们像苦行僧一样度日，牺牲生活乐趣。总是有很多计划之外的时刻，比如聚餐的场所偏偏就是烤肉店，还免不了要喝一杯。那这种时候，多吃蔬菜、控制食量，带着轻松的心情喝一杯也没问题的，没必要为了健康、适量饮食而杜绝社交。这种既想维持原本计划又要配合周遭的时候，很容易产生压力，要注意纾解。但同时，也要避免一味地以"没办法"为借口，轻易地进行自我合理化的情况。为此，最好的反省方式就是问问自己，是否已经尽了全力。

人本来就不可能做到百分之百跟着计划走。但当某事没有按计划进行时，有的人可以迅速调整方向和战略，继续向前；有的人则会向内归因，不断自我责怪，陷入痛苦不能自拔。你想成为哪一种人？

当今社会变化的脚步也越来越快，因此，能够迅速掌握问题核心，并懂得适时调整策略的人，往往更能应对自如。**因此，当计划出现问题的时候，与其揪住自己不放，不如干脆利落地反省，并将思考转化为外在行动，步履不停。**

> 今天必须要读书,但我实在是太困了……

> 就算这样我也坚持读了两页书,真是了不起!

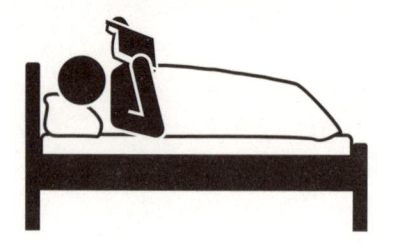

☑ **问问自己**

做得不完美对吗?但只要尽了全力,就该称赞自己。

## 当完美主义阻碍你起步

### 一开始就燃烧殆尽的人们

最近我常常觉得很意外,原来世界上有那么多人都在等待所谓的完美时机。开始做一件事之前,从需要准备的物品到下定决心,他们都在等完美时机,迟迟不肯行动。然而这个完美时机基本都是空想中的产物,现实中不可能存在。

最近经常听到"我辞职之后也要当新媒体博主"这种话,实际上付诸行动的人却是屈指可数。当被问到"好久不见,你之前不是说要做博主吗,开通账号了吗?"十有八九,不,一百个里面应该有九十九个人会告诉你他根本没开始。理由千篇一律,大都是我还没决定好选择哪个平台,还没决定好上传什么内容,心理和物质上的准备都还不够,等等。

当我决定通过 SNS(社交网络服务)进行个人品牌营

销时，立即就开通了Instagram。试了几天，觉得不太适合自己，于是很快转而开始经营YouTube。当晚我就在二手市场用27万韩元（约1400元人民币）购买了一台微单，因为里面没有存储卡，所以过了一天才开始拍摄。第二天买好存储卡后，马上就做了一个视频上传。直到3年后的今天，我仍然把当时购买的二手相机作为主要的拍摄工具。

有什么事情需要做那么多准备呢？只要按照自己的想法开始行动，接下来慢慢推进就好了。然而追求完美、想要一切准备就绪再开始的人，大多数连开始都做不到。好不容易上传了三四个自己觉得满意的内容，也会觉得到这里好像就已经燃尽了整个生命——像这样一开始就用尽全力，很快就会筋疲力尽。

## 不求做得好，但求做得久

各种资料都表明，跑步30分钟以上才会产生有氧运动的效果。听到这样的说法，我也会不由自主地想："这么辛苦哦，那今天别跑了，休息一下，明天再好好跑够30分钟吧。"也听说有的偶像每天运动4小时，一天只吃一顿沙拉，相比之下，我的减肥计划看起来实在很可笑，突然就没了动力。但是千万小心，别被不够全面的信息蒙蔽了，那位偶像只是在回归工作之前的两周才这么做，更何况他还有很好的资源作为支撑，而我们普通人所要养成的习惯，短则一个月，长则伴随一生。

希望大家对于无法做到完美这件事能够抱有宽容一点的态度。我们所做的大部分事情不像是开飞机、抢救生命或是审判犯罪，都是容许失误的。本书提到的晚间计划、副业项目、时间管理等，更是需要试错后再修正的事情，不必把自己逼得太紧。

**我可以理解做就要做好的心情，但是请试着把这种决心转换成"做就要坚持久一点"的心态吧。**对于需要长期耕耘的事情而言，持续性会比当下的品质更重要。马上可以实践的小事就是，以后和自己或者别人讲话时，都别用"你又何必这样做"之类给人泼冷水的句子。说些正向的话，是人人随时都能开始的小事。

即使是别人看来微不足道的小事，只要坚持去做，最终也会累积成令人艳羡的成果，至少能成为让我们自己的生命更加圆满的能量。

我一定要拍出播放量破百万的视频！

好像不太完美，实在没法上传。

☑ **问问自己**

是不是把完美当成了拖延的借口？是的话，快点调整目标吧！

## 如果意志力太薄弱，总是自我合理化

### 养成自然而然的行动力

听说韩国的"学习之神"高承德在准备司法考试的时候，为了省下吃饭时间，要把小菜和饭放进搅拌机里打碎再吃。因为这则轶事，考生们在考前冲刺期就会说"最近启动了高承德模式"。不少人听到这个故事后，都会觉得他很了不起，同时也会反省自己为什么就没有那么坚强的意志力。

我目前为止的人生中经历过两次大考，一次是高考，一次是兽医师国考。考试前一个月左右，我也舍不得把宝贵的时间用在吃饭上，肚子饿了就吃点代餐，边吃边学习。那段时间我放弃了很多能够丰富人生的事情，只顾埋头苦读。还好，这些考试都是有固定期限的，不管考上还是没考上，只要集中精神努力到考试结束就可以了。重要的大考、面试、报告等都是需要燃烧意志和斗志的战场，不高度集中注意力就不行。

和考试不同，人生是没有终点的。但是有很多人即使摆脱了需要考试的阶段，仍误以为只有像当时那样燃烧斗志才算得上充实的人生。不能完成计划的人，常常责怪自己的意志力薄弱。**但问题其实并不在于意志力，而是行动力。行动不需要多坚强的意志，我们只是去做昨天做过的事和现在该做的事而已。**

只要打开每日计划表，看看任务清单，将最紧急、最重要的事情付诸行动，就是很好的做法。想要拥有顽强的意志力，需要耗费很多能量，但养成行动力却并不需要。

与意志力相反，行动力的养成要尽可能自然而然，不要过度刻意。

## 不要在所有事情上都铆足全力

很多人向我倾诉烦恼，寻求建议的时候，都会以"我的意志力太薄弱"这句话开头，也会羡慕我很有毅力。每到这种时候，我通常都会说："你的目标不是登顶珠峰吧？不是奥运会摘金吧？行动不是靠意志，而是靠习惯。"

生活中我会有意识地用"行动力"这个词替代"意志力"，因为在心理层面上，太常想到意志力并没有什么好处。

如果不管大事小事都要靠意志力执行，都要自律，很容易就会产生抗拒心理，变得消极。因为这种时候，我们会觉得要做的那件事情很辛苦，硬着头皮才能完成。**因此，对于不会决定人生走向的小事，就带着尽量轻松的心态去做吧。如果对所有的事情都铆足全力，最终只会累坏自己。**

世界级花样滑冰选手金妍儿的纪录片中有一个这样的片段：金妍儿刚开始做热身运动时，旁边的导演问她你做热身运动的时候都在想什么？金妍儿回答说："有什么好想的，只是在热身而已。"节目播出后，金妍儿这段直率的回答被截图做成了表情包，在网上流行了好一阵子。通过这个问答，我们不难看出，金妍儿已经把同样的事情泰然地反复做了成百上千次，这样的人能够获得成功也不足为怪。

**行动之前或行动之中都不要过度思考。**为了尽快行动起来，我会在开始做一件事之前有意识地避免过度思考，因为行动之前所产生的想法，大部分都是负面的，比如："我会不会做错？""我应该这么做，但是真的不想动，可还是得做……"这样在脑海里和自己吵架的话，还没开始就已经累到不行了。

很多时候，情绪也会阻碍行动，心情不好的时候总是会胡思乱想，迟迟无法行动。而这些想法，恰恰是偷偷披着合理外衣的情绪间谍，让人徒增焦虑。例如我下决心每天做增肌运动，但是某天突然不想去健身房，就会启动合理化模式，还会装成非常理性的样子。"听说增肌运动本来就不要每天做，休息两天肌肉还能有效恢复，也不错？""今天身体好像不太舒服，万一运动强度太大，明天生病了怎么办，还怎么上班？"——情绪间谍常常这样在心中窃窃私语。

**不被情绪绑架的策略就是及时察觉，在开始自我合理化之前，抢先行动。**我的母亲总是对我说："无论什么事，在感觉不想做之前，必须要马上去做。"

神奇的是，在你开始行动的瞬间，负面情绪也会跟着消失，只有行动会持续下去。所以，当你突然觉得今天不想运动了的时候，试试把"我果然没有意志力"的想法改成"嗯，我又开始乱想了，别这样，赶快行动起来吧！"

啊，又到了该做运动的时间……

别想了，那就去运动吧！

☑ **问问自己**

是否因为胡思乱想而耗去太多精力？避免刚开始就体力不支。

# 想放弃时，问自己3个问题

## 放弃并非失败，只是一种选择而已

步入职场后，我换过两次工作，现在正在第三家公司就职。我的运气很好，三份工作都在不错的单位，各有各的优点，朋友们对此都很羡慕。但是每次要告别的时候，我都没有什么留恋，很果断地就转身离开了。

**放弃也是一种决定，有行动力的人，到了该放弃的时候，大都干脆利落。** 但是很奇怪，分享成功经验的人们往往不愿提及自己的放弃经历。难道放弃就是一种失败，放弃的人就是失败者吗？

当我出现想要放弃的念头时，也会开始自我怀疑：明明当初那么雄心勃勃地开始了，现在这么轻易就要放弃吗，我就只能做到这种程度了吗？这种想法很容易衍生出愧疚，让人不大好受。但是在尝试后选择放弃，也比因为害怕之后会放弃而根本不敢开始的人好很多。

多方尝试并挑战过后，适时放弃自己不适合的事，是一种聪明的策略。对于刚刚下定决心积极面对生活的新手而言尤其如此，由于不太了解自己的喜好，所以只能多去涉猎。我也是做过非常多的尝试，也放弃了不少事情，最终才留下了几种最适合自己的项目，并一直坚持到写这本书的现在。试错是成长的必经之路，如果你此时正在犹豫是否要放弃某事，或是无法分辨现在究竟是该放弃的时候，抑或只是意志力太薄弱之下的惯性退却，不如问问自己以下三个问题。

### 1. 做这件事的时候，你是否已经不再能感受到开心？

关于下班后从事的活动，第一个选择标准就是"这是不是能够让我开心的事情"。

**因为开心而开始做某事，又因为不再开心而想要放弃，这又有什么问题？** 白天在工作岗位上要负责的事情已经够多了，如果下班后做的事也要让自己承担很大的压力，未免也太累了。尤其是如果你开始做副业，却一点都不会开心，那等于一整天除了睡觉之外就是在工作，完全没有休息。所以如果没有乐趣，果断放弃也可以。

当然，也有一些矛盾的情况。比如做事时感到有趣，行动前一刻却常常觉得好累，懒得动弹。举例来说，我报了舞蹈班，学舞时很开心，但是下班后去舞蹈教室却很麻烦。

类似这样的情况，不如再坚持一段时间看看。对于单纯觉得麻烦的事情，如果重复去做，形成了习惯，也就不会觉得那么难了——不要只因一时的懒惰而放弃未来的乐趣。

## 2. 长期来说能否带来正面成果？

有些事情虽然不那么快乐，但也值得坚持，典型的例子就是运动、自我提升、冥想等。这些事当下看来有些无趣，但是长远看一定能给我们带来益处。对于这类事，只要挺过最初的痛苦，坚持下去，未来就一定能获得乐趣。看看周围那些运动上瘾的人就会知道，他们在开始不久后也会遇到感受不到进步的平台期，但熬过这个痛苦的阶段，就能看到明显的成果，从而感到开心，想要继续做下去。

另外，再怎么有趣的事情，做久了也会觉得无聊。比如我一生的梦想就是出版一本自己写的书，刚开始动笔时也的确很快乐，但每周定下的目标字数还是会让我感觉到强制性和压迫感，此时的我也正开着番茄时钟，把自己"绑"在书桌前。但是我喜欢写作，也喜欢跟别人分享自己的故事。如果因为暂时的麻烦或者工作压力而放弃写作的话，就会失去体验新书出版之喜悦的机会。

## 3. 这件事是否只对别人有好处？

如果一件事既没有乐趣，也没有益处，那就更没有必要为了满足于他人的期待而坚持下去。对于这种单方面的牺牲，马上放弃也没关系。

举例来说，就算是做志愿活动，也不算是自我牺牲，因为我们能从帮助别人的过程中获得内心的充实。如果做一件事只是出于义务，感觉不到成就感，也不开心，那就有必要重新思考一下该不该继续——当然，这也取决于每个人的价值观。

## 把放弃的经验当作成长的资产

我们在压力过大时，常常会在一气之下决定放弃。但是压力大的时候，建议不要做重要决定，说不定这只是周期性的短暂压力。在冲动地放弃之前，先问一问自己以上三个问题，如果三个问题都不能让你坚持下去，就可以果断放弃。也许有人会想，哪有人会蠢到长时间坚持做无益又无趣的工作呢？出乎意料的是，这样的人并不在少数。**人性就是如此奇怪，总是有人因为看到别人都在做某事，自己也跟着做——有时候是出于害怕落后的焦虑心理，从众更加安全；有时候则是单纯出于责任感的自我提升。**

虽然我认为将前面介绍的三个问题作为标准非常有普适性，但对于某些人来说可能并不适合，那么，不如试着制定只属于自己的放弃标准。

放弃也需要很大的勇气，需要承受努力化为泡影的心理压力，没有达到目标的悔恨感，以及浪费时间的自责等等。更重要的是，我们很可能会觉得自己就是个失败者，把自己看作没有毅力的人。在这里我想说，**请不要赋予放弃太多意义，没那么严重。和一切大自然中的规律一样，不过是有生就有死，有始就有终，有开始就有可能中途放弃。**

所以不必担心，如果是深思熟虑后做出的决定，放弃后反而能得到更多东西。虽然听起来有点老套，但挑战到一半再放弃的经历，也是认识自己的过程。经验总会成为成长的资产。

放弃不是坏事，不要积累自我否定的评价就好。人生只有一次，与其执着于已经流逝的光阴，自我责备，不如着眼于当下，思考今后要如何更加充实地利用未来的时间。

要投入园艺吗?

因为总觉得自己对不起植物,所以放弃了。

☑ 问问自己

是否被无谓的自尊心绑架,不懂得适时放弃?

**Tips** 　**帮你摆脱"躺尸"状态的体能管理秘诀**

---

就算已经很懂得把24小时当成48小时来过的时间管理技巧，但若没有体力支撑这48小时，也是没用的。有趣的是，原本我是大家公认的虚弱之人，后来却变成了再忙也能扛下来的体能王。下面就来介绍几个方法，可别小瞧它们，虽然看起来简单，做起来却颇有挑战性呢！

## 1. 运动，运动，运动！

每个人都知道，想要增强体力，必须坚持锻炼，可是做到这一点并不容易。因此，我们更应该努力寻找适合自己的运动项目，毕竟缺乏乐趣的运动很难持续下去。原本也没办法养成运动习惯的我，在尝试又放弃了瑜伽、普拉提、力量训练等多种项目后，最终找到了能够乐在其中的本命项目——游泳。

不运动的人，第一个借口通常就是没有时间。但我反而是在开始晚间计划、变得更加忙碌之后，才开始坚持运动的——想做的事情太多了，需要通过运动保持体力，防止身体垮掉，拖行动的后腿。为了防止自己把忙碌当作借口，我会选择利用上班前的时间做运动。很多人担心这样会耗费太多体力，上班时有可能会打瞌睡。但很神奇的是，只要撑过前面一两个月，身体就完全能够适应这种节奏，白天工作的精力也变得更加充沛了。

## 2. 撑过最初的两个月

不只是运动，我们刚开始做一件之前没尝试过的事情时，都会因为不习惯而感到精力和体力跟不上，年龄越长越是如此。但是如果能撑够两个月，身体就会适应新的节奏，产生出维持新习惯的体力。这种时候，我就会再次感叹："人果然是一种有适应性的动物……"每个人养成新习惯所需要的时间长短有所不同，但是两个月多半能起效。但是最开始的两个月，随时都有可能出现想要放弃的念头，夜深人静时可能还会突然脆弱、想哭，开始自怜。但请试着坚定信心，撑过这段时间，一定会有好的反馈。

## 3. 好好吃饭

说来有点匪夷所思，但这的确是人们最难做到的事情之一。有俗语说："你吃了什么，就会变成什么。"很多人误以为吃得好就是要吃能量高的食物，但其实人在状态不好的时候，吃很多所谓能够进补的食物并没有用，适量的、容易消化的食物，反而更能帮助我们恢复精力。特别要注意的是，晚上吃夜宵会降低睡眠质量，导致第二天状态低迷，最好避免。此外，别忘了多吃新鲜的蔬菜和水果，多喝水也是很重要的。

### 4. 散步晒太阳

适当晒太阳不仅对身体健康有好处，对精神健康也很重要。现在大家都在忙着避开紫外线，当然，过度暴露在紫外线之下的确会引发皮肤病和眼疾等，但是太阳晒得太少也是个问题。

人类的身体能够知道天色明亮就是早晨，昏暗时就是晚上，但若不分白天黑夜都处在蓝光刺激下，大脑就无法保持清醒。当白天和夜晚的界限开始变得混淆不清，睡眠就会出现问题。

所以，试着白天拉开窗帘，在明亮的光线下活动，晚上则尽量减少电子设备的使用。我工作的地方窗户少，采光不好，所以我会有意识地在吃过午饭后下楼散步10分钟左右，享受日光沐浴，嗜睡的症状也减轻了不少。如果你有季节性情绪失调，那就更要在日照量减少的秋季和冬季，在白天拉开窗帘晒太阳，或者抽空多去户外走走。

## 5. 冥想

　　冥想和体力有关系吗？我的回答是："有。"性格敏感的人很容易感到疲倦，精神上的消耗更是会引起体力消耗。我是想法很多的人，为了能让大脑平静下来，所以才开始练习冥想。尝试过一两次之后，我很明显地感觉到自己与以前相比，能够更加专注于当下的生活，不那么容易胡思乱想停不下来了。当我突然出现想要做很多事情的冲动或是很多事情还没解决的焦虑时，也能够迅速觉察，然后屏除杂念，恢复原本的平静状态。

　　简而言之，冥想就是一种能够帮助你达到思想上的极简主义的实用工具。它对每个人都有好处，对常常因内耗感到困扰的人来说尤其有效。

让思想也能极简

好好吃，好好睡

### 结束语

## 我今天也在愉快地做着自己想做的事

  我不是一个活得很拼的人，无法为了未来的名誉地位勉强自己做不喜欢的事。但生活中难免会遇到不得不勉强的情况，这种时候，怎样才能稍微轻松一点呢？我思考了很久，得出的结论就是建立固定日程。另外，我研究了让固定日程更容易坚持下去的方法，并通过 YouTube 频道与他人分享，还成立了相应的"习惯养成聚会"。

  总的来说，我没有成就什么大事业的野心，只是一个为了能够轻松生活而积极努力的人。虽然可能有人会好奇：这有什么不同吗？区别可大了！因为有趣的事情不会让我厌倦和疲劳，更不会让我因此感觉在被消耗。

  **"喜欢的事情认真去做，把不喜欢的事情变得轻松一点。"这就是我的原则。**

  我衷心地希望读到此书的朋友们，不要为了今天比昨天过得更好而自我逼迫，所以经过反复思考，一次又一次地修改书稿，我才写下了这些文字。即使现在的自己可能有诸多不足，但也请不要觉得必须加倍努力甚至改头换面，人生才能变得有意义。

有目标是好事，但透支自己、费尽心力想要达成的目标，往往无法如愿实现，很容易中途跑偏或放弃，只有因为喜欢、带着享受的心情去做的事，才会越做越顺手。当你能够真正乐在其中的时候，就不会对结果太过执着了。

既然有些讨厌的事情是无法避免的，那么就更不要为了把它们做到极致而死磕，而是要想办法让它们变得轻松一点，放平心态去做。此外，我们也要记得自我调整：能够实现目标当然最好，不能实现也别丧气。

当我们完成心中向往已久的目标时，可能会感到很幸福，也可能不会。但如果只是疯狂执着于未来的目标，肯定会牺牲过程中的快乐，变得不幸。最重要的永远是当下，不如想象一下目标实现时的状态，愉快地做完今天该做的事情吧！

我也是一边想象着有人会在读过这本书后变得更幸福，一边愉快地写下这些文字的。我用感恩而自在的心情享受着每个写作的时刻，最后也用轻松的心情放下了笔。

柳韩彬

# 附 录

# 打造全新晚间生活的计划表

（扫码获取电子版表格）

# 曼陀罗计划表

如果你想从今天就开始有效利用晚上的时间,但又苦于不知道从哪里着手的话,就先来思考一下目标吧!曼陀罗计划表是能够帮我们描绘行动蓝图的实用工具,它能让抽象的目标变得一目了然,并延展成可以执行的行动计划。

## 制作方法

① 把自己最想做的事情定为最核心的大目标,写在表格中间。

(例如"新年目标""塑造健康的身体"等。)

② 将大目标拆分为8个次级目标。

(以"新年目标"为例,它可以被拆分成人际关系、自我提升、提高工作能力等次级目标。)

③ 针对8个次级目标,写下具体行动计划。

＊更多制作方法参考 076 页

# 行动计划表

针对某些利用曼陀罗计划表整理出来的目标，我们可能需要更系统地制定行动计划。这种时候，就可以试试利用行动计划表将其步骤化，以便确认优先顺序。

## 制作方法

① 目标：填写自己想要达成的目标。

② 截止日期：填写达成目标的最后期限。

③ 怎么做：填写为了达成目标，需要制定什么样的战略，采取什么样的态度。

④ 行动计划：填写要采取的具体行动，按照优先顺序编号。

⑤ 确定起始日期和结束日期。

⑥ 目标达成：填写最终达成目标的日期。

\* 更多制作方法参考 081 页

**行动计划**　　　　　　　　　　　开始日期：

目标

· 截止日期
· 怎么做

| 优先顺序 | 行动方案 | 开始日期 | 结束日期 |
|---|---|---|---|
|  |  |  |  |
|  |  |  |  |
|  |  |  |  |
|  |  |  |  |
|  |  |  |  |
|  |  |  |  |
|  |  |  |  |
|  |  |  |  |
|  |  |  |  |
|  |  |  |  |

目标达成

# 每日计划表

对于时间管理者,带有时间轴功能的每日计划表是不可或缺的。它是用来记录最近每小时所做事情的表格,只要坚持记录下去,就能知道自己是如何使用时间的。了解这一点之后,也能更好地为未来要做的新工作安排时间。

## 制作方法

① 待办事项:在前一天晚上填写。按照重要程度,从1号处开始依次记录,0号处写不重要但需及时处理的杂事。

② 时间轴:前一天晚上在时间轴左侧填写计划好的待办事项,包括工作和约会,当天把每小时实际做完的事情写在右侧——如果很难及时填写,也可以先写在便签上或者记录在手机里,之后再补上。

③ 今日目标:填写今天下决心要努力的方向。

④ 检查:写下其他对你而言很重要的项目,例如记录每天运动、喝水、饮食的情况。

\* 更多制作方法参考107页

## 每日计划

日期：_____

今日目标

_____

_____

| 时间轴 | 待办事项 |
|---|---|
| 06:00 | 1 ☐ |
| 07:00 | 2 ☐ |
| 08:00 | 3 ☐ |
| 09:00 | 4 ☐ |
| 10:00 | 5 ☐ |
| 11:00 | 6 ☐ |
| 12:00 | 0 ☐ |
| 13:00 | 0 ☐ |
| 14:00 | 0 ☐ |
| 15:00 | |
| 16:00 | 喝水 |
| 17:00 | |
| 18:00 | ○ ○ ○ ○ ○ ○ ○ |
| 19:00 | |
| 20:00 | 吃饭 |
| 21:00 | 早餐： |
| 22:00 | 午餐： |
| 23:00 | 晚餐： |
| 24:00 | 加餐： |

# 晚间日程计划表

在有了具体、可实行的目标之后，就让我们来制定一下晚间日程计划表吧！建议在固定的时间段做同样的事情。目标之外，也可以把运动或读书等想要系统地、持续进行的活动排进晚间日程。

## 制作方法

① 第一次写的时候只需抓住重点，整理出大概的方向即可。

② 执行几天之后，尝试调整内容，修改顺序。

③ 要记得，时间表的目的是提醒我们该做的事情，所以不必强迫自己非要完美地准时执行，尽可能保持弹性。

*更多制作方法参考115页

## 晚间日程计划

时间表

|       | MON | TUE | WED | THU | FRI |
|-------|-----|-----|-----|-----|-----|
| 17:00 |     |     |     |     |     |
| 18:00 |     |     |     |     |     |
| 19:00 |     |     |     |     |     |
| 20:00 |     |     |     |     |     |
| 21:00 |     |     |     |     |     |
| 22:00 |     |     |     |     |     |
| 23:00 |     |     |     |     |     |
| 24:00 |     |     |     |     |     |

### 下班后开始新的一天

作者 _ [韩] 柳韩彬    译者 _ 杨名

产品经理 _ 房静    装帧设计 _ 何月婷    产品总监 _ 木木
技术编辑 _ 顾逸飞    执行印制 _ 陈金    策划人 _ 吴畏

内文插画 _ Leremy / Shutterstock.com

营销团队 _ 毛婷，孙烨，魏洋

果麦
www.guomai.cn

以 微 小 的 力 量 推 动 文 明

아침이 달라지는 저녁 루틴의 힘

Copyright © 2021 Ryu Hanbin (柳韓彬). All Rights Reserved.
Published in agreement with DONGYANG BOOKS Corp. c/o Danny Hong Agency, through The Grayhawk Agency Ltd.
Simplified Chinese edition copyright © 2022 Guomai Culture and Media Co. Ltd

著作权合同登记号 图字：11-2022-172

## 图书在版编目（CIP）数据

下班后开始新的一天 /（韩）柳韩彬著；杨名译. -- 杭州：浙江文艺出版社，2022.7（2023.12重印）
ISBN 978-7-5339-6906-6

Ⅰ.①下… Ⅱ.①柳… ②杨… Ⅲ.①人生哲学－通俗读物 Ⅳ.①B821-49

中国版本图书馆CIP数据核字（2022）第111932号

**下班后开始新的一天**
［韩］柳韩彬 著
杨 名 译

责任编辑　罗　艺
装帧设计　何月婷

出版发行　浙江文艺出版社
地　　址　杭州市体育场路347号　邮编 310006
经　　销　浙江省新华书店集团有限公司
　　　　　果麦文化传媒股份有限公司
印　　刷　北京世纪恒宇印刷有限公司
开　　本　880毫米×1230毫米　1/32
字　　数　133千字
印　　张　7.25
印　　数　68,601—73,600
版　　次　2022年7月第1版
印　　次　2023年12月第7次印刷
书　　号　ISBN 978-7-5339-6906-6
定　　价　49.80元

**版权所有　侵权必究**
如发现印装质量问题，影响阅读，请联系021-64386496调换。